零起点 家常菜

李光健◎编著

吉林科学技术出版社

作者简介

李光健　中国注册烹饪大师，国际烹饪艺术大师，国家一级评委，国际餐饮专家评委，国家职业技能竞赛裁判员，国家中式烹调高级技师，国家公共高级营养师高级技师，国际餐饮协会（IFBA)专家评委，黑龙江省烹饪协会副秘书长，吉林省吉菜专业委员会副会长，中国烹饪协会理事，名厨委员会委员，东方美食客座讲师。

第六届全国烹饪技能大赛团体金奖、个人金奖，2009年第三届全国技能创新大赛特金奖，2009年首届国际中青年争霸赛荣获金奖，2009年被中国烹饪协会颁发“中华金厨奖”，2013年担任第七届全国烹饪技能大赛河北赛区评委，2014年《烹饪艺术家》杂志封面人物，2014年成为国家餐饮一级评委，荣获2015年年度中国最受瞩目的“青年烹饪艺术家称号”，2017年央视《回家吃饭》栏目组特邀嘉宾。

个人出版主编《家常菜　烘焙　主食　饮品大全》《超简单米饭面条》《美味家常炒菜》《新编家常菜全集》，并参与编写《国家名厨》《中国名厨技艺博览》《青年烹饪艺术家作品集》《国家名厨宝典》等餐饮书籍。

编委会（排名不分先后）

李光健　杨景辉　季之阁　闫国胜　汤顺国　张海涛　姚克强
毕思伍　满国亮　葛兆红　刘绍良　孙　超　朱广会　梁宝权
张立国　路志刚　魏显会　李光明　周玉林　李玉芹　林国财
刘　峰　何春生　孙跃晨　鞠英来　闫振东　朱红军　陈兆友
闫大恒　张东滨　田宝禄　芮振波　孙　鹏　关　磊　林建国
杨丹丹　刘春辉　蔡文谦　蒋征原　王洪远

家常菜　　我们是认真的

目录/contents

Part 02
美味热菜

Part 03
滋补汤羹

Part 04
花样主食

Part 05
简易西餐

基础知识介绍

在制作家常菜之前，我们首先需要对厨房常用工具有一定的了解，比如铁锅、蒸锅、案板、厨刀、锅铲、漏勺等。另外，在制作菜肴前，我们还需要掌握一些烹调的基础知识，如焯水、过油、汽蒸、走红、上浆、挂糊、勾芡、油温、制汤等。这些相对专业的技法，对于家常菜的色泽、口感、营养等方面都有非常重要的作用。因此，家庭在制作菜肴时，也需要对这些用语加以了解，从而增加对这些烹调常识的认知，才能在制作家常菜时做到心中有数。

家庭常用锅具

铁锅　**汤锅**

砂锅

高压锅

●铁锅虽然看上去笨重些，但它坚实、耐用，受热均匀，且与人们的身体健康密切相关。用铁锅做菜能使菜中的含铁量增加，补充人体中的铁元素，对贫血等缺铁性疾病有一定的功效。从材质上来说，铁锅可分为生铁锅和熟铁锅两类，均具有锅环薄，传热快，外观精美的特点。

●市场上汤锅的种类比较多，按照材质分，有铝制、搪瓷、不锈钢、不粘锅等。铝制汤锅的特性是热分布优良，传热效果是不锈钢锅的很多倍。不锈钢汤锅是由铁铬合金再掺入其他一些微量元素制成的，其金属性能稳定，耐腐蚀。

●砂锅是由陶泥和细砂混合烧制而成的，具有非常好的保温性，能耐酸碱、耐久煮，特别适合小火慢炖。刚买回来的砂锅在第一次使用时，最好煮一次稠米稀饭，可以起到堵塞砂锅的微细缝隙，防止渗水的作用。如果砂锅出现了一些细裂纹，可再煮一次米粥用来修复。

●高压锅是利用气压的上升来提高锅内温度，从而促使食物快速成熟，达到省时、节能的效果。有些人认为，用高压锅做菜很不理想，营养会大量流失。其实不然，用高压锅做菜，应该说更有营养，因为高压锅是在一个密封的环境下，营养是不会流失的。

家庭常用菜板

家庭中常用的菜板有木质、塑料、竹制三种。其中木质菜板、竹制菜板主要用于切肉和切制较粗硬的果菜；塑料菜板多用来切菜和切水果，这样分开使用既卫生又方便。

●木质菜板密度高、韧性强，使用起来很牢固。但有些木制菜板因硬度不够，易开裂且吸水性强，会令刀痕处藏污纳垢，滋生细菌。因此，选用白果木、桦木或柳木制成的菜板较好。

●竹子是一种天然绿色植物，质量相对稳定，使用起来会更加安全一些。只是竹子的生长周期比木头短，所以，从密度上来说稍逊于木头，而且由于竹子的厚度不够，竹案板多为拼接而成，使用时不能重击。

●塑料菜板轻便耐用，容易清洗，且不像木质菜板那样容易掉木屑，所以，受到了众多家庭的喜爱。在购买塑料菜板时，要询问其具体材质，比较安全的塑料有聚乙烯、聚丙烯和聚苯乙烯等。如果不是这类材料，或用再生塑料添加色素制成的，长期使用会危害人体的健康。

家庭常用厨刀

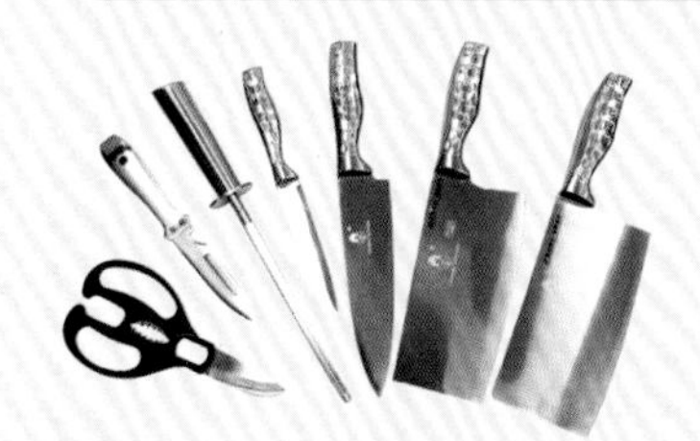

家用厨刀根据材质不同，主要分为铁制厨刀和不锈钢厨刀两种。其中，不锈钢厨刀是近十几年发展起来的，因其具有轻便、耐用、无锈等特点而越来越受到人们的喜爱。

如果家中只想选购一把厨刀，一般应选夹钢厨刀，既适用于切动物性食材，又适合切植物性食材。其实，为了生食和熟食分用，家庭中最好备有两把以上厨刀，其中一把刀刃锋利，刀身较厚，用于切肉、剁肉；另一把刀身要薄一些，手感要轻一点，主要用于切制蔬菜、水果。

其他工具

炒勺、扁铲、漏勺等小工具，是我们制作家常菜肴时不可缺少的工具。根据材质的不同，可分为铁制、不锈钢制、铝制、碳素制等多种。

此外还有一些小工具，虽然不一定是我们制作家常菜所必需的，但是如果有，也可以给予我们很大的帮助。如礤丝器可以帮助我们快速地把食材礤成丝状；切蛋器不仅可以直接把熟蛋切成小瓣，还可以切成片状等。

焯 水

焯水又称出水、飞水等，是指经过初加工的烹饪食材，根据用途的不同放入不同温度的水锅中，加热到半熟或全熟的状态，以备进一步切配成形或正式烹调的初步热处理。

焯水是常用的一种初步热处理方法。需要焯水的烹饪食材比较广泛，大部分植物性烹饪食材及一些有血污或腥膻气味的动物性烹饪食材，在正式烹调前一般都要焯水。根据投料时水温的高低，焯水可分为冷水锅焯水和沸水锅焯水两种方法。

方法一：冷水锅焯水

冷水锅焯水是将食材与冷水一起放入锅内加热、焯烫，主要适用于异味较重的动物性烹饪食材，如牛肉、羊肉、肠、肚、肺等。

1. 将需要加工整理的烹饪食材择洗干净。
2. 把食材放入锅中，加入适量冷水，置火上烧热。
3. 翻动食材且控制加热时间，捞出沥水即可。

方法二：沸水锅焯水

沸水锅焯水是将锅中的清水加热至沸腾，再放入烹饪食材，加热至一定程度后捞出。沸水锅焯水主要适用于色泽鲜艳、质地脆嫩的植物性烹饪食材，如菠菜、黄花菜、芹菜、油菜、小白菜等。这些食材体积小、含水量多、叶绿素丰富，易于成熟，但是需要注意焯好的蔬菜类食材要迅速用冷水过凉，以免变色。

1. 将食材用清水洗净。
2. 放入沸水锅中焯烫。
3. 翻动均匀并迅速烫好。
4. 捞出后用冷水过凉即成。

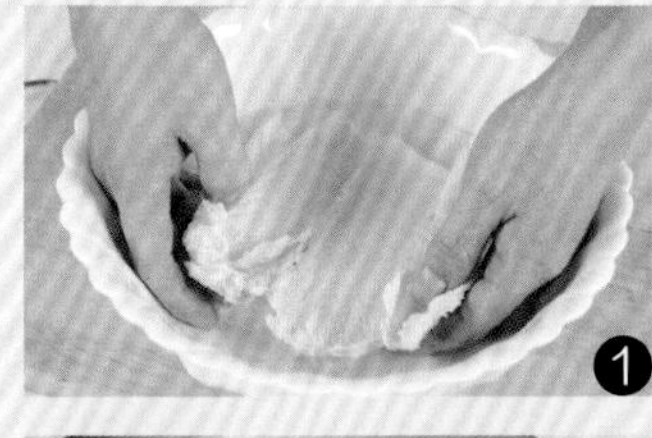

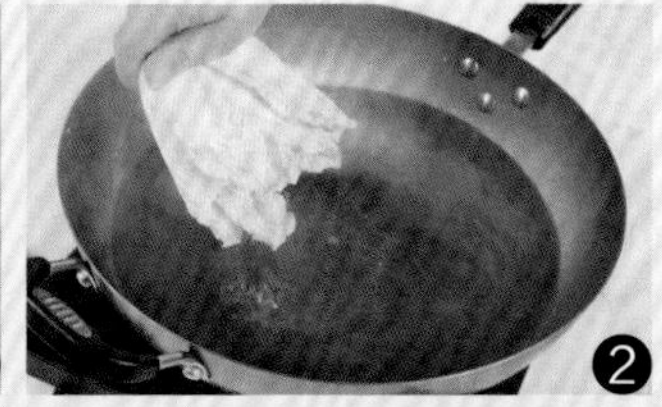

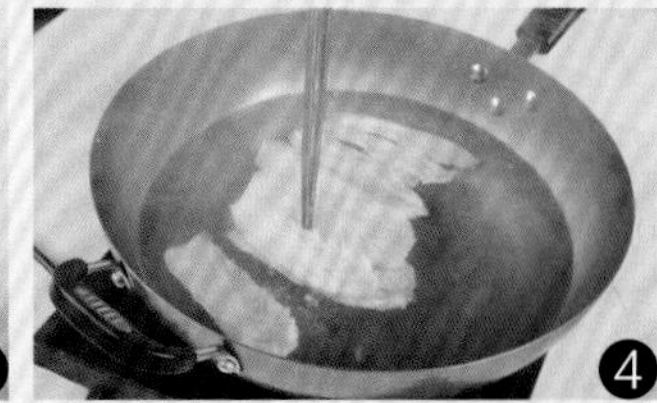

焯水一点通

●蔬菜类食材在焯水时，必须做到沸水下锅，火要旺，焯水时间要短，这样才能保持食材的色泽、质感、营养和鲜味。

●鸡胸肉、鸭腿肉、猪蹄等食材，在焯水前必须洗净，投入冷水锅中烧沸，焯烫出血水即可捞出，时间不要过长，以免损失食材的鲜味。

●各种食材均有大小、粗细、厚薄之分，有老嫩、软硬之别，在焯水时应区别对待，控制好焯水的时间。

●对有特殊气味的食材应分开进行焯水处理。如韭菜、芹菜、牛肉、羊肉、猪肚、狗肉、牛肚、羊蹄等，以免各原料之间吸附和渗透异味，影响食材的口味和质地。

挂 糊

挂糊，就是将经过初加工的烹饪食材，在烹制前用水淀粉或蛋泡糊及面粉等辅助材料挂上一层薄糊，使制成后的菜肴达到酥脆可口的一种技术性措施。

在此要说明的是，挂糊和上浆是有区别的，在烹调的具体过程中，浆是浆，糊是糊，上浆和挂糊是一个操作范畴的两个概念。挂糊的种类较多，常用的有蛋黄糊、蛋清糊等。

蛋黄糊的调制

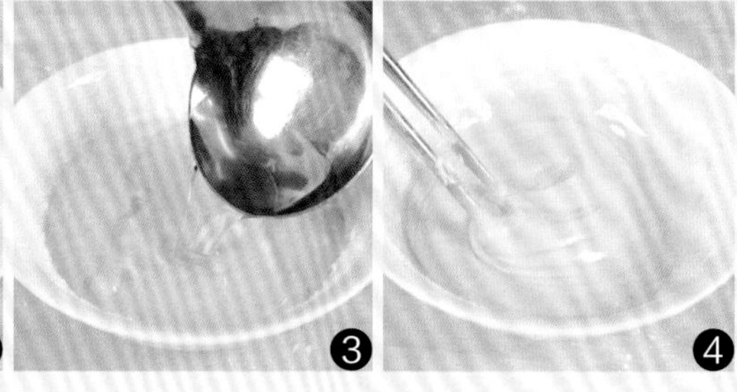

1. 将鸡蛋黄放入小碗中搅拌均匀。
2. 加入适量淀粉（或面粉）调匀。
3. 慢慢加入少许植物油。
4. 用筷子充分搅拌均匀即可。

全蛋糊的调制

1. 把鸡蛋磕入大碗中，用筷子搅拌均匀成全蛋液。
2. 全蛋液加入淀粉、面粉调拌均匀。
3. 加入少许植物油搅匀即可。

发粉糊的调制

1. 发酵粉放入碗内，加入适量清水调匀。
2. 把面粉放入容器内，倒入发酵粉水搅拌均匀。
3. 加入少许清水搅匀，静置20分钟。

蛋泡糊的调制

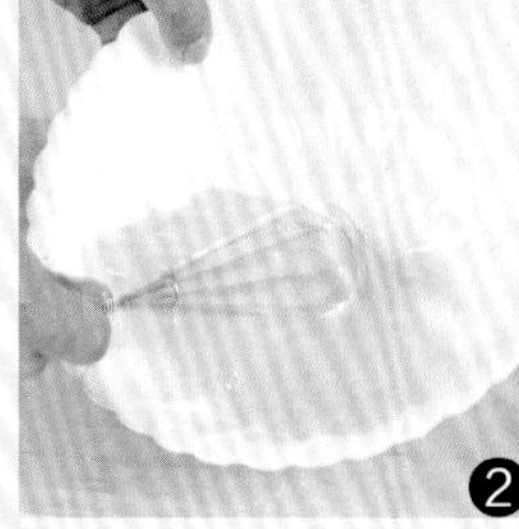
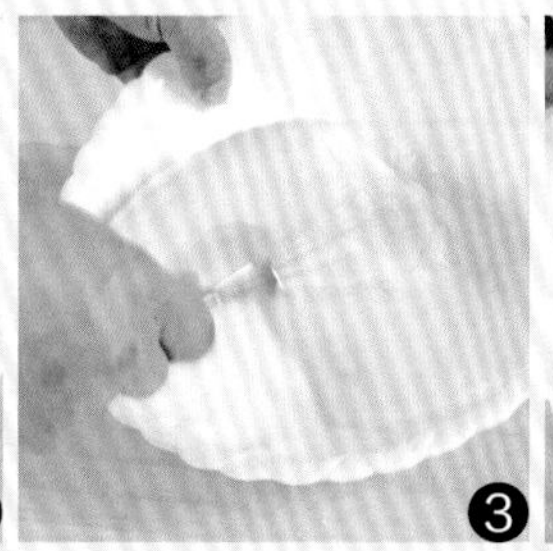
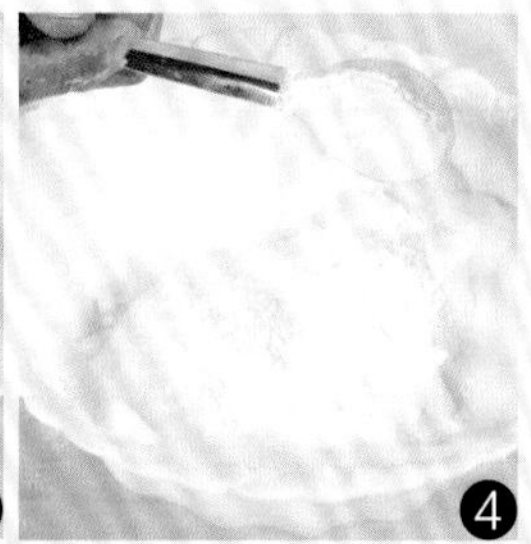

1. 将鸡蛋清放入大碗中。
2. 用打蛋器沿同一方向连续抽打。
3. 抽打至蛋清均匀呈泡沫状。
4. 加入适量淀粉，轻轻搅匀即可。

上 浆

上浆就是在经过刀工处理的食材上挂上一层薄浆，使菜肴达到滑嫩的一种技术措施。经过上浆后的食材可以保持嫩度，美化形态，还可以保留菜肴的鲜美滋味。上浆的种类较多，依上浆用料组配形式的不同，可分为鸡蛋清粉浆、水粉浆、全蛋粉浆等。

鸡蛋清粉浆

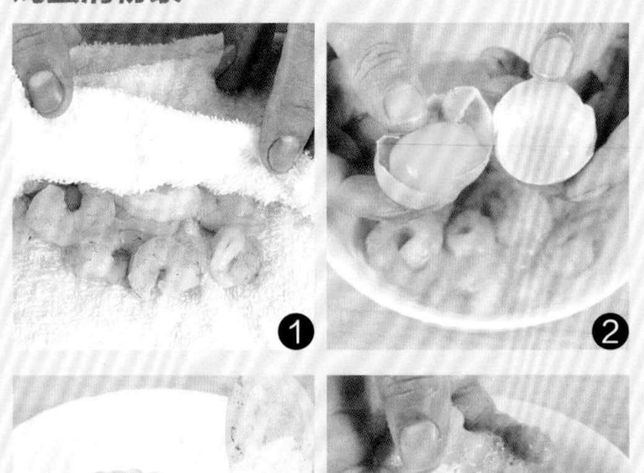

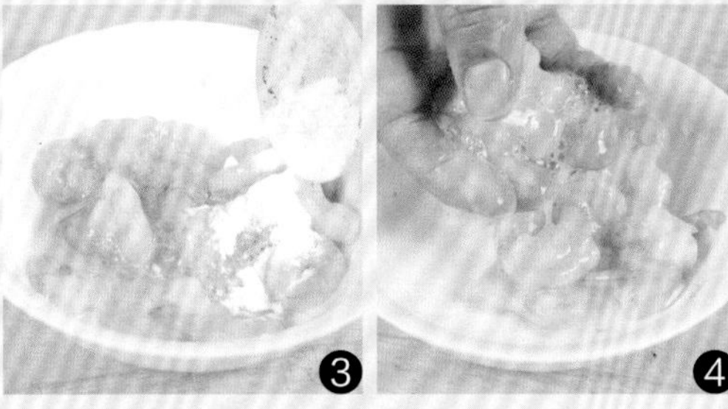

1. 食材洗净，搌干水分，放入碗中。
2. 加入适量的鸡蛋清稍拌。
3. 放入少许淀粉（或面粉）。
4. 充分抓拌均匀即可。

水粉浆

1. 将淀粉和适量清水放入碗中调成水粉浆。
2. 将食材（如鸡肉）洗净，切成细丝，放入小碗中。
3. 加入适量的水粉浆拌匀、上浆即可。

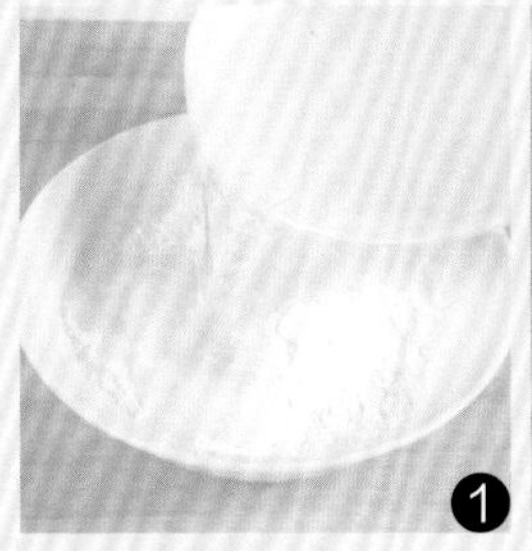

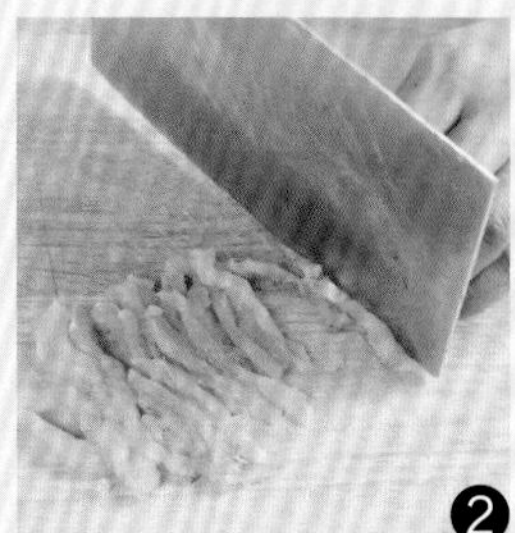

全蛋粉浆

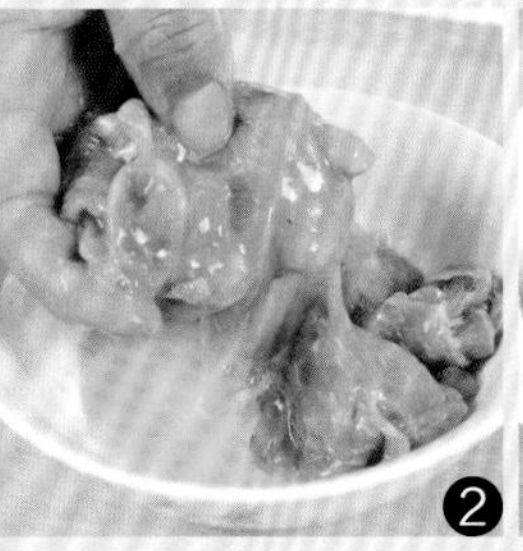

1. 食材洗净，放入碗中，磕入鸡蛋。
2. 用手（或筷子）轻轻抓拌均匀。
3. 再放入适量淀粉（或面粉）搅匀。
4. 然后加入少许植物油拌匀即可。

上浆一点通

●上浆不可过度，只要浆液在原料表面不流淌下来即可。如果上浆过度，既影响菜肴的形状美观，也会使菜肴的质量下降。

●对色泽洁白的菜肴，必要时可将食材刀工处理后放入清水里浸出血污，上浆后制出的菜肴色泽会更加洁白。

油 温

低油温

即油温三四成热，其温度为90～120℃，直观特征为无青烟，油面平静，当浸滑食材时，食材周围无明显气泡生成。

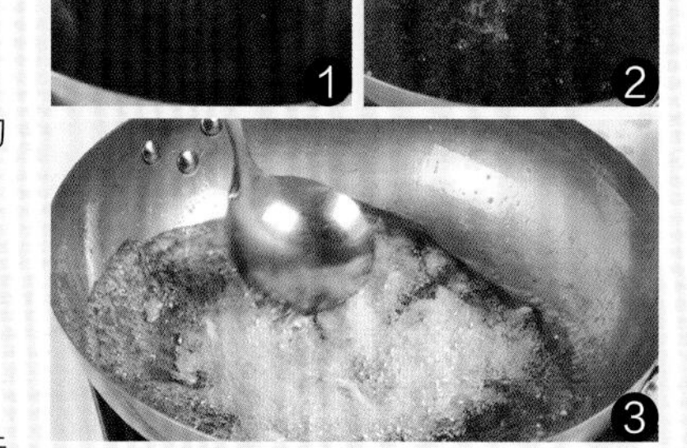

中油温

即油温五六成热，温度为150～180℃，直观特征为油面有少许青烟生成，油从四周向锅的中间徐徐翻动，浸炸食材时食材周围出现少量气泡。

高油温

即油温七八成热，其温度为200～240℃，直观特征为油面有青烟升起，油从中间往上翻动，用手勺搅动时有响声。浸炸食材时，食材周围出现大量气泡翻滚并伴有爆裂声。

过 油

过油是将加工成形的食材放入油锅中加热至熟或炸制成半成品的熟处理方法。过油可缩短烹调时间，或多或少的改变食材的形状、色泽、气味、质地，使菜肴富有特点。过油后加工而成的菜肴，具有滑、嫩、脆、鲜、香的特点，并保持一定的艳丽色泽。在家庭烹调中，过油对调节饮食内容，丰富菜肴风味等都有一定的帮助。

过油要求的技术性比较强，其中，油温的高低、食材处理情况、火力大小的运用、过油时间的长短、食材与油的比例关系等都要掌握得恰到好处，否则就会影响菜肴的质量。根据油温和形态的不同，过油主要分为滑油和炸油两种。

方法一：滑油处理

滑油又称拉油，是将细嫩无骨或质地脆韧的食材切成较小的丁、丝、条、片等，上浆后放入四五成热的油锅中滑散至断生，捞出沥油。

滑油要求操作速度快，使食材少损失水分，成品菜肴有滑嫩、柔软的特点。

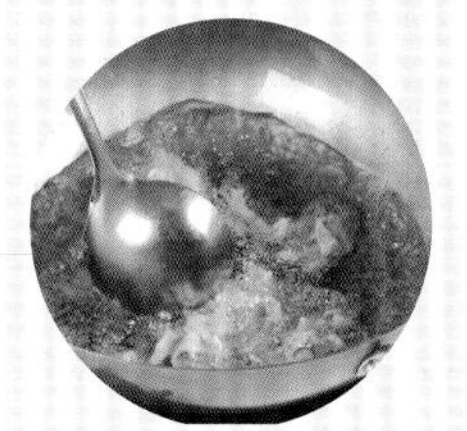

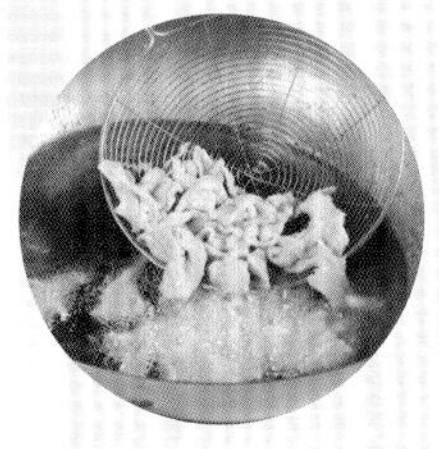

方法二：炸油处理

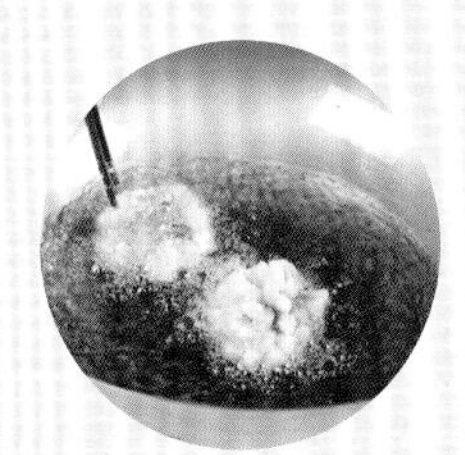

炸油又称走油，是将改刀成形的食材挂糊后，放入七八成热的油锅中炸至一定程度的过程。炸油操作速度的快慢、使用的油温高低要根据食材或品种而定。一般来说，若食材形状较小，多数要炸至熟透；若食材形状较大，多数不用炸熟，只要表面炸至上色即可。

走 红

走红又称酱锅、红锅，是将一些动物性食材，如家畜、家禽等，经过焯水、过油等初步加工后，进行上色、调味等进一步热加工的方法。

走红不仅能使食材上色、定形、入味，还能去除某些食材的腥膻气味，缩短烹调时间。按传热媒介的不同，走红主要分为水走红、油走红和糖走红三种。

方法一：水走红

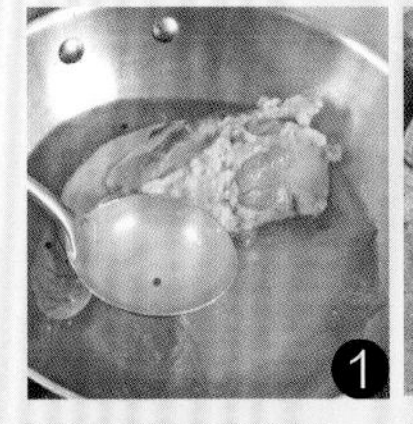

水走红是将经过焯水或过油的食材放入由调料（酱油、料酒、白糖、红曲米、清水）熬煮成的汤汁中，用小火加热使食材鲜艳上色，一般适用于小型食材。

1. 将食材（猪舌）洗涤整理干净，放入沸水锅中焯烫一下，捞出冲净，沥干水分。
2. 将酱油、料酒、红曲米、白糖和适量清水放入大碗中调成酱汁。
3. 将调好的酱汁倒入清水锅中烧沸。
4. 放入焯好的食材（猪舌）煮至上色即可。

方法二：油走红

油走红是先在食材表面涂抹上一层有色或加热后可生成红润色泽的调料（如酱油、甜面酱、糖色、蜂蜜、饴糖等），经油煎或油炸后使食材上色的一种方法，主要适用于形状较大的食材。

1. 将食材（带皮猪五花肉）的肉皮上涂抹上酱油。
2. 净锅置火上，加入植物油烧热，将五花肉肉皮朝下放入油锅中。
3. 快速冲炸至猪肉皮上色，捞出沥油即可。

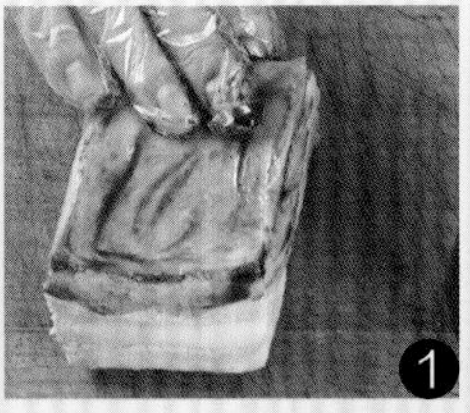

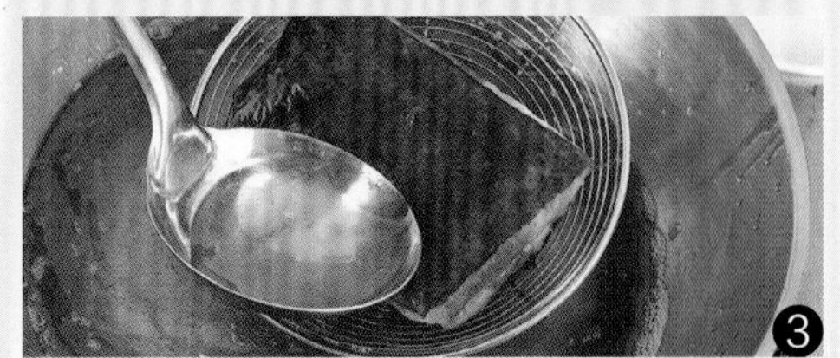

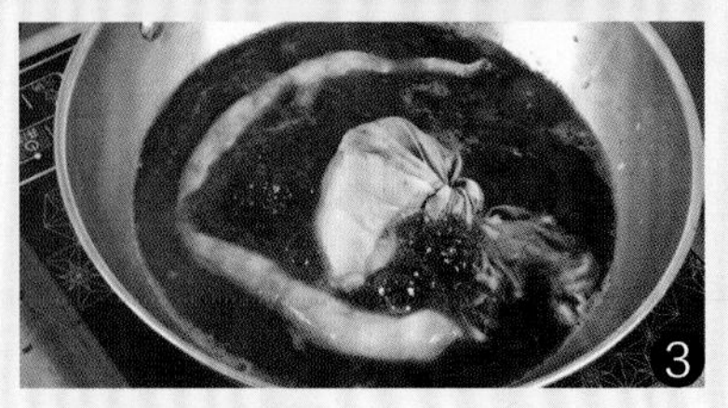

方法三：糖走红

糖走红是将白糖（或红糖）放入净锅中，上火烧至熔化，再加适量清水稀释或直接将食材放入锅中，炒煮至上色。糖走红的操作简单方便，用途比较广泛，很适于家常菜肴的烹制。

1. 净锅置火上烧热，加入适量白糖，用中小火熬炒至白糖熔化。
2. 加入适量清水烧煮至沸。
3. 放入食材（大肠）煮至上色即可。

辛香料

辛香料的种类有很多，有热感的香料，如辣椒、生姜、胡椒、花椒等；有辛辣感的香料，如大蒜、大葱、洋葱、韭菜等；有芳香感的香料，如八角、丁香、豆蔻等。而在所有辛香料中，我们家庭中使用最多的就是葱、姜、蒜和花椒。葱、姜、蒜、花椒不仅能调味，而且能杀菌祛霉，对人体健康大有裨益。

花椒水的制作

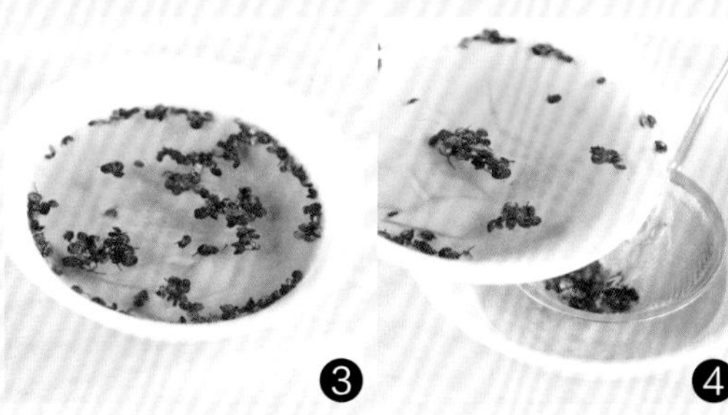

1. 将适量的花椒洗净，与切好的姜片一起放入净锅中，加入足量清水。
2. 用旺火烧煮至沸，再转用中火熬煮10分钟至出香味。
3. 离火，将汤汁倒入大碗中晾凉。
4. 用细箅子子过滤，去除杂质即成花椒水。

花椒的保存

1. 家庭在保存花椒时，可以先将净锅置火上烧热，再放入花椒略炒。
2. 用小火反复煸炒至花椒发干（注意不要把花椒炒煳），离火出锅。
3. 将花椒装入玻璃容器中。
4. 盖上容器盖，密封保存即可。

葱姜汁的制作

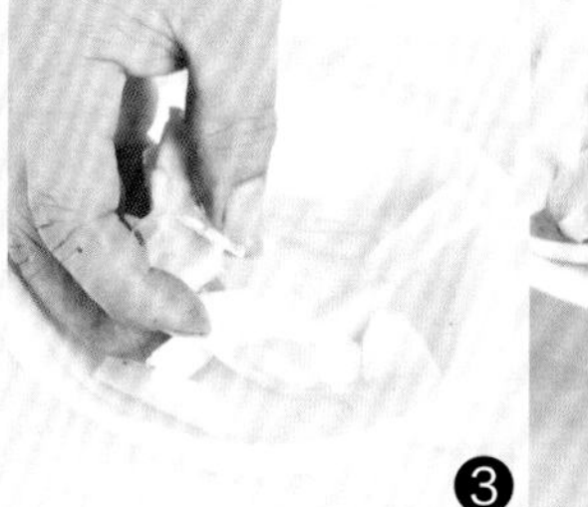

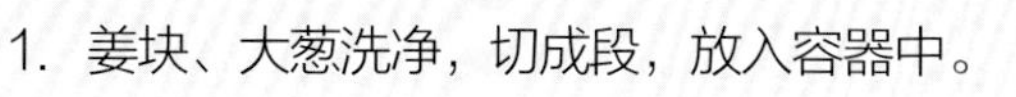

1. 姜块、大葱洗净，切成段，放入容器中。
2. 加入适量清水拌匀，浸泡20分钟。
3. 用手指揉捏葱、姜，让汁液溶入水中。
4. 用筛网滤去葱、姜，即为葱姜汁。

制 汤

在制作家常菜，尤其是家常汤菜时，我们需要根据食材性质、烹调要求、菜肴的档次而制作汤汁，制汤作为烹调常用的调味品之一，其质量的好坏，不仅会对菜肴的美味产生很大影响，而且对菜肴的营养更是起到不可缺少的作用。

制汤就是把蛋白质、脂肪含量丰富的食材，放入清水锅中煮制，使蛋白质和脂肪等营养素溶于水中成为汤汁，用于烹调菜肴或制作汤羹菜肴使用。根据各种汤不同的食材和质量要求，汤主要分为清汤、奶汤、素汤等多种。

奶 汤

1. 将鸡骨架收拾干净，剁成大块。
2. 放入清水中漂洗干净，捞出沥水。
3. 鸡骨架放入清水锅中焯烫一下，捞出。
4. 鸡骨架、葱、姜、料酒放清水锅内煮沸。
5. 撇去浮沫，加盖后继续用大火加热。
6. 煮至汤汁呈乳白色，出锅过滤成奶汤。

口蘑汤

口蘑是制汤汁的上好食材。

先将口蘑洗净，用清水泡软。

一起倒入锅中，煮约30分钟。

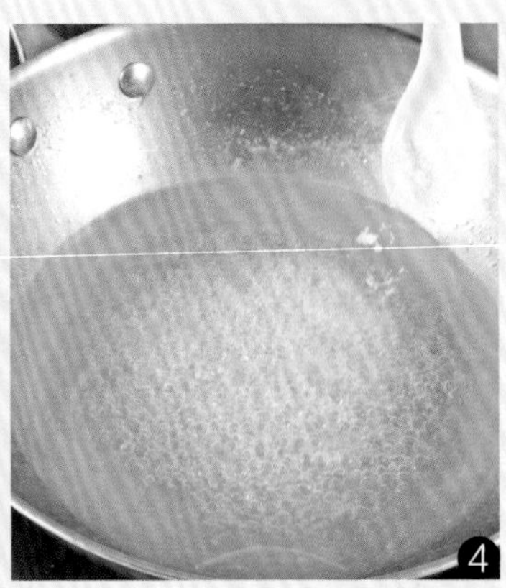

捞出口蘑，把原汁过滤即成。

清　汤

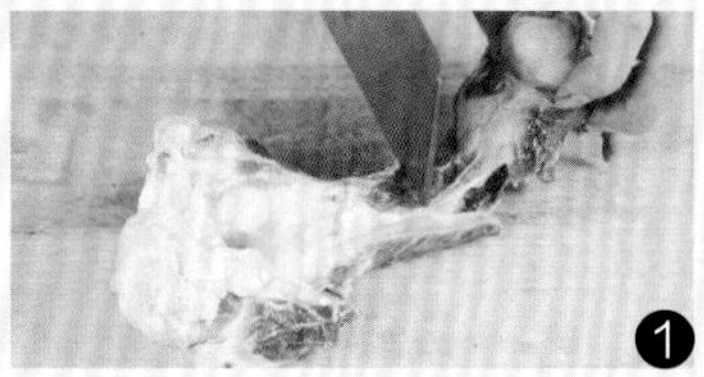
将猪棒骨用砍刀剁断。

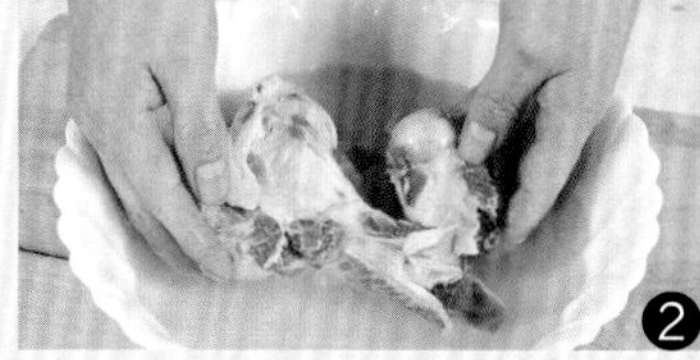
放入清水中漂洗干净。

把鸡骨架放入温水中。

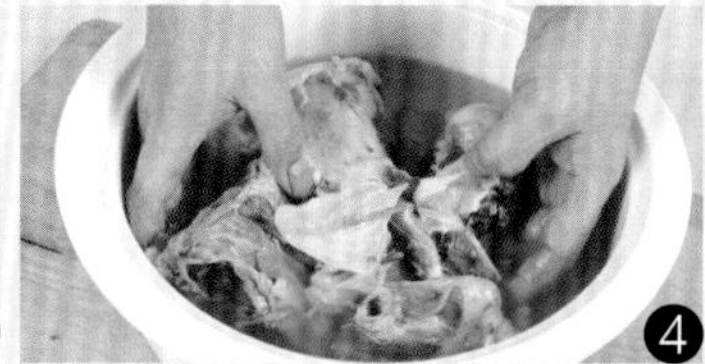
稍凉后洗净，捞出、沥水。

鸡胸肉剔去筋膜，剁成细蓉。

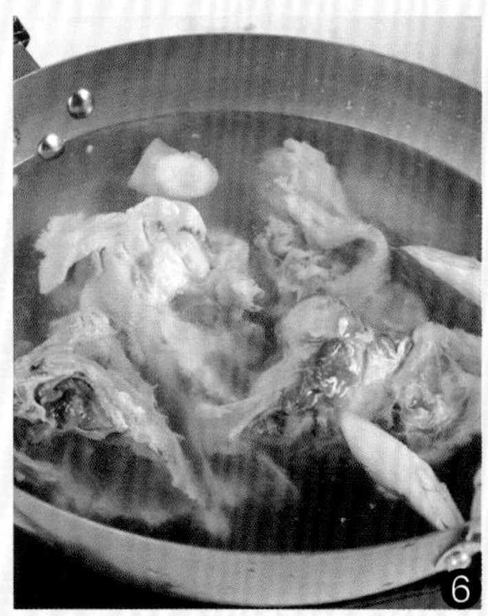
鸡骨架、棒骨焯烫，捞出。

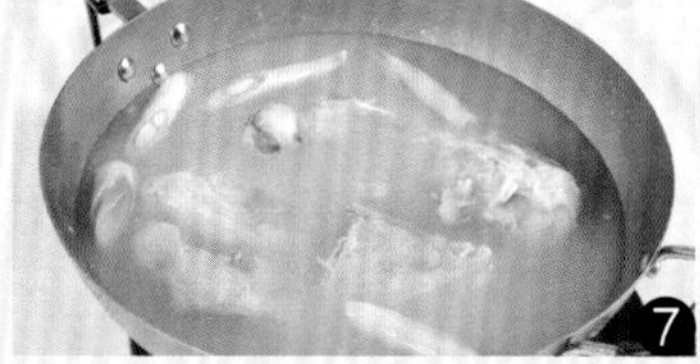
放入清水锅中煮2小时。

捞出杂质，加入鸡肉蓉提清。

待鸡蓉变色，浮起时，捞出。

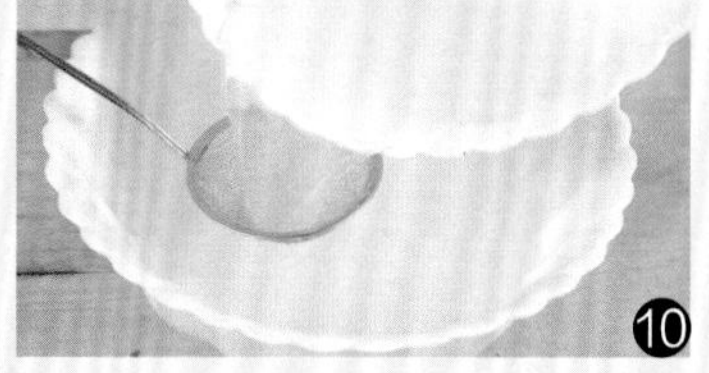
反复数次后过滤即为清汤。

豆芽汤

黄豆芽择洗干净，沥水。

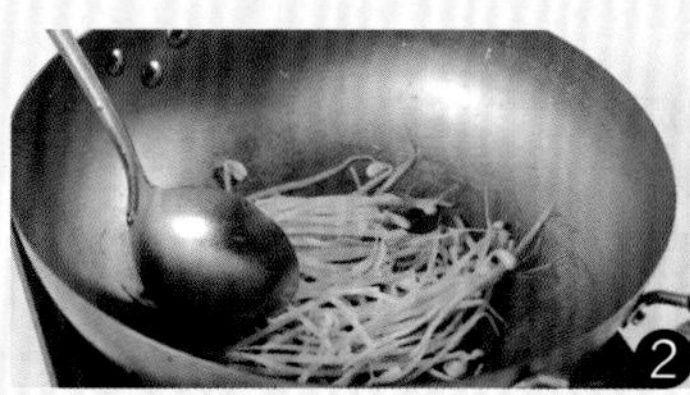
放入油锅中炒至豆芽发软。

加入冷水（水量要宽）。

用旺火煮至汤汁呈浅白色。

用洁布或滤网过滤后即成。

Part 01 爽口冷菜

麻酱油麦菜

▸原料 · 调料

油麦菜400克，芝麻15克。

蒜瓣25克，精盐1小匙，芝麻酱2大匙，白糖少许，香油2小匙。

▸制作步骤

1 初加工 油麦菜去根和老叶，用淡盐水浸泡并洗净，切成小段；芝麻放入净锅内煸炒至熟香，取出,凉凉；蒜瓣去皮，拍散，切成碎末。

2 味 汁 芝麻酱放入碗内，加入精盐、白糖、香油搅拌均匀，使芝麻酱充分稀释，放入炒熟的芝麻拌匀成麻酱味汁。

3 拌 制 将麻酱味汁倒在油麦菜上，加入蒜末搅拌均匀，装盘上桌即成。

芦笋拌玉蘑

原料 · 调料

芦笋……………………300克
口蘑……………………100克
胡萝卜…………………50克
精盐…………………1/2大匙
味精…………………1/2小匙
香油……………………1大匙
植物油…………………1小匙

制作步骤

1 清　洗 芦笋去根，削去老皮，洗净，斜切成小段；口蘑择洗干净，切成小片；胡萝卜去根、去皮，洗净，切成片。

2 焯　烫 锅中倒入清水烧沸，加入精盐、植物油，放入口蘑片、胡萝卜片、芦笋段烧沸，焯烫2分钟，捞出，用凉水过凉，沥干水分。

3 拌　制 把芦笋段、胡萝卜片和口蘑片放入大碗中，加入味精和精盐，淋入香油拌匀即可。

紫菜蔬菜卷

▶原料 · 调料

菠菜150克，绿豆芽100克，胡萝卜50克，紫菜2张，鸡蛋3个。

精盐、芥末、香油各1小匙，白糖、酱油各2小匙，芝麻酱2大匙，白醋、水淀粉各1大匙。

▶制作步骤

1 初加工 菠菜洗净，切成段；胡萝卜去皮，切成细丝，绿豆芽去根，洗净，分别放入沸水锅内焯烫一下，捞出、过凉；芝麻酱、酱油、白醋、白糖、香油、芥末、精盐放入碗内调匀成味汁。

2 鸡蛋皮 鸡蛋磕入碗内，加入精盐和水淀粉拌匀成鸡蛋液，倒入净锅内摊成鸡蛋皮，取出。

3 蔬菜卷 紫菜放在案板上，摆上鸡蛋皮，放上菠菜段、胡萝卜丝、绿豆芽卷成蔬菜卷，切成段，码放在盘内，随味汁一同上桌蘸食即可。

京糕莴笋丝

▶原料 · 调料

莴笋……………………500克
山楂糕……………………50克
红辣椒……………………15克
精盐、味精………………各1小匙
白醋………………………2小匙
香油………………………1/2小匙
植物油……………………1大匙

▶制作步骤

1 初加工 莴笋去皮，洗净，切成丝；红辣椒去蒂、去籽，切成细丝；山楂糕也切成丝。

2 腌 渍 将莴笋丝放入盘内，加入精盐拌匀，腌渍5分钟，沥水后放入容器内。

3 拌 制 锅置火上，加入植物油烧热，下入红椒丝炸出香辣味，出锅浇在莴笋丝上，再加上香油、白醋、味精、山楂糕丝拌匀即可。

多味沙拉

原料·调料

苦苣段、生菜丝…………各50克
胡萝卜丝、甘蓝丝……… 各30克
洋葱、青椒、红椒……… 各20克
水发木耳、玫瑰花瓣………各5克
法香末……………………少许
香葱花、蒜末……………各15克
精盐……………………2小匙
白糖、芝麻酱、芥末、香油、酱油、陈醋、白葡萄酒、柠檬汁、花椒油…………………… 各适量

制作步骤

1 初加工 洋葱一半切成洋葱圈，另一半切成末；青椒、红椒一半切成椒圈，另一半切成末；把各种加工好的时蔬码放在大盘内。

2 味 汁 芝麻酱、白糖、芥末、香葱花、精盐、陈醋放入碗中搅匀成芥末酱味汁；酱油、花椒油、香油、精盐、白糖、蒜末、香葱花、陈醋放入另一碗中搅匀成椒香沙拉汁。

3 上 桌 碗中加入白葡萄酒、洋葱末、青椒末、红椒末、法香末、柠檬汁、精盐调匀成橄榄油醋汁，与上面2种味汁一起随蔬菜上桌。

酱油萝卜皮

▸原料·调料

心里美萝卜皮400克。

精盐1小匙，海鲜酱油2大匙，味精、白糖各少许，辣椒油1大匙，香油、芥末油各2小匙。

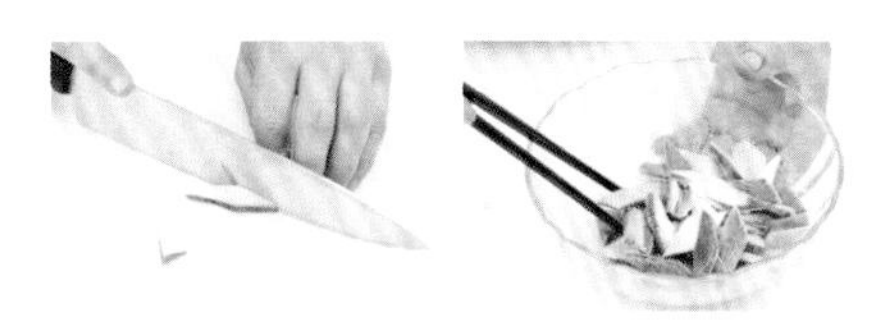

▸制作步骤

1 初加工 心里美萝卜皮洗净，切成菱形小块，放入大碗中，加入精盐拌匀，腌渍30分钟，取出、沥水。

2 味　汁 将辣椒油、香油、海鲜酱油、芥末油放入小碗中，加入味精和白糖调匀成味汁。

3 拌　制 放入腌渍好的心里美萝卜皮块拌匀，继续腌约10分钟，装盘上桌即可。

风味酿皮

▸原料 · 调料

面粉……………………………200克
淀粉……………………………150克
黄瓜丝……………………………80克
烤麸、黄豆芽……………各50克
蒜蓉……………………………15克
精盐、白糖……………各1/2小匙
芝麻酱……………………………3大匙
辣椒油、米醋……………各4小匙
芥末油……………………………少许
植物油……………………………适量

▸制作步骤

1 初加工 淀粉、面粉放入盆中拌匀，加入适量清水调匀成糊状；烤麸切成小条；黄豆芽洗净，放入沸水锅中焯至熟，捞出、过凉，沥水。

2 酿 皮 锅中加入适量清水烧沸，倒入淀粉糊搅炒均匀至熟，出锅倒入抹油的深盘中，入锅蒸10分钟至熟，取出、凉凉，切成薄片成酿皮。

3 拌 制 蒜蓉放在容器中，浇入烧热的植物油炸出香味，加入芝麻酱、米醋、白糖、精盐、芥末油调匀成味汁，加上酿皮、黄瓜丝、烤麸条、黄豆芽拌匀，码放在盘内，淋上辣椒油即可。

三丝黄瓜卷

原料·调料

黄瓜400克，胡萝卜丝、冬笋丝、熟猪瘦肉丝各75克。

精盐1小匙，白糖2小匙，白醋1大匙，清汤、香油各适量。

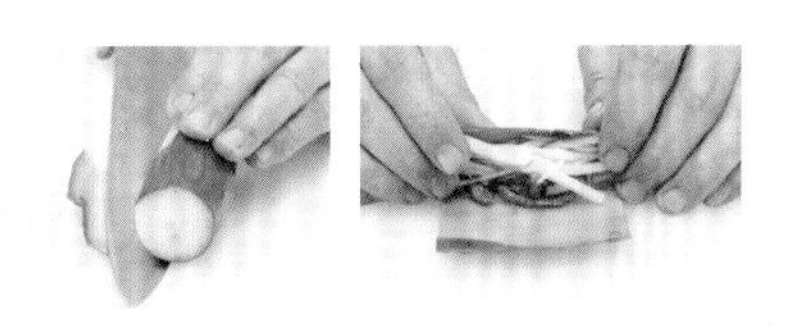

制作步骤

1 腌 渍 黄瓜洗净，片成长条片，加入少许精盐、白糖、白醋拌匀，腌渍30分钟，取出，沥水。

2 焯 烫 锅中加入清水烧沸，放入胡萝卜丝、冬笋丝焯至断生，捞出、沥水。

3 黄瓜卷 黄瓜片放在案板上，放上胡萝卜丝、冬笋丝和熟猪瘦肉丝，卷成三丝黄瓜卷。

4 腌 泡 清汤、精盐、白糖、白醋和香油放入容器中拌匀成汁，放入黄瓜卷腌泡至入味即成。

红油猪心

原料 · 调料

猪心500克，净香菜15克。

香葱25克，葱段、姜片、蒜片各10克，花椒、香叶、八角各5克，精盐1小匙，海鲜酱油、白糖、香油、红油各适量。

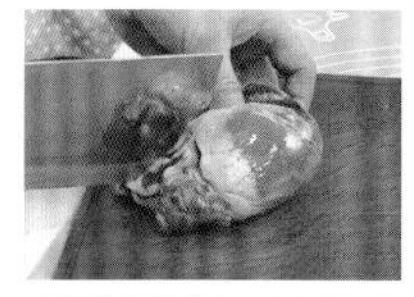

制作步骤

1 初加工 猪心切开成两半，去掉白膜，洗净，放入清水锅内焯烫一下，捞出、沥水。

2 卤　煮 净锅置火上，加入清水、葱段、姜片、花椒、香叶、八角煮沸，再放入猪心，用小火煮至熟香，捞出猪心、凉凉，切成薄片。

3 拌　制 香葱洗净，切成小段，放在大碗内，加入净香菜、蒜片、海鲜酱油、精盐、白糖、香油、红油和猪心片搅拌均匀，装盘上桌即可。

干豆腐肉卷

原料 · 调料

猪肉末250克，干豆腐200克，鸡蛋2个。

葱末、姜末各10克，精盐、鸡精各1小匙，白糖、胡椒粉各少许，料酒1大匙，海鲜酱油、水淀粉、香油各2小匙。

制作步骤

1 馅　料　猪肉末放入容器中，加入精盐、鸡精、白糖、胡椒粉、料酒、香油、海鲜酱油、鸡蛋（1个）、水淀粉、葱末、姜末拌匀成馅料。

2 生　坯　干豆腐切成长方形，表面均匀涂抹上鸡蛋液，涂抹上馅料，从一端卷起至末端，再涂抹上鸡蛋液（1个）成干豆腐肉卷生坯。

3 蒸　制　把干豆腐肉卷生坯放入蒸锅内，用旺火蒸约8分钟至熟，取出，放入冰箱冷藏，食用时取出，切成小块，装盘上桌即可。

香辣腰花

▶原料 · 调料

猪腰……………………………400克
红辣椒粒………………………25克
香菜根…………………………15克
姜片、葱花、蒜泥………各10克
精盐、味精、香油………各1小匙
白糖、胡椒粉…………各1/2小匙
香醋……………………………1大匙
芥末膏、料酒……………各2小匙
美极鲜酱油、鸡汤………各2大匙

▶制作步骤

1 初加工 猪腰剥去筋膜，剔去腰臊，剞上一字花刀，切成块，加入姜片、料酒腌30分钟，放入沸水锅中焯至断生，捞出、过凉。

2 味 汁 美极鲜酱油、鸡汤、香菜根放入锅中熬煮至浓稠，出锅、过滤，加入精盐、味精、白糖和胡椒粉调匀成味汁。

3 拌 制 猪腰块放在容器内，加入香醋、蒜泥、芥末膏拌匀，淋入味汁，加上香油，撒上红辣椒粒、葱花拌匀，装盘上桌即可。

蒜泥腰片

原料 · 调料

猪腰……………………………400克
黄瓜……………………………100克
葱段、姜片…………………各10克
蒜泥………………………………25克
精盐、味精、香油………各1小匙
料酒、鲜汤…………………各1大匙

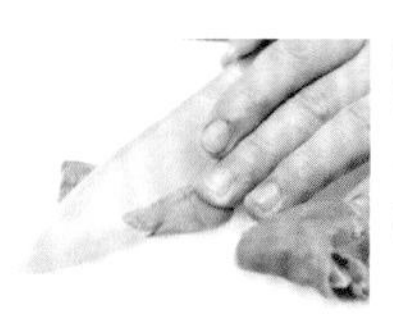

制作步骤

1 焯　烫　猪腰去掉筋膜，对剖成两半，片去腰臊，洗净，片成骨牌片，用精盐、葱段、姜片、料酒拌匀，放入沸水中焯至断生，捞出、凉凉。

2 摆　盘　将猪腰片整齐地摆入盘中；黄瓜去皮，洗净，切成骨牌片，放在盘边作装饰。

3 味　汁　把精盐、味精、香油、蒜泥、鲜汤放入小碗中调匀成味汁，浇在腰片上，用保鲜膜密封，腌渍1小时至入味即可。

白果腰花

▸原料·调料

猪腰300克，黄瓜片50克，白果30克，冬笋片、水发木耳各15克。

姜末5克，精盐、味精各少许，酱油1大匙，米醋4小匙，料酒、香油各1小匙。

▸制作步骤

1 初加工 猪腰剔去腰臊，洗净、沥水，剞上棋盘花刀，切成块，放入沸水锅内，加上米醋焯烫至卷起，捞出、过凉、沥水，放入大碗中。

2 焯　烫 锅中加上清水烧沸，放入水发木耳、白果、冬笋片焯烫一下，捞出、沥水，同黄瓜片一起放入腰花碗中。

3 拌　制 腰花碗内加上姜末、精盐、酱油、料酒、味精和香油调拌均匀，装盘上桌即成。

凉拌牛肉

原料·调料

牛肉……………………500克
红椒、青椒………………各50克
洋葱………………………30克
香菜段、熟芝麻…………各10克
白芷、八角、花椒、香叶…各3克
葱段、姜片、干树椒……各10克
精盐、鸡精………………各1小匙
蚝油、海鲜酱油…………各2小匙
白糖、米醋、辣椒油……各1大匙
香油、植物油……………各少许

制作步骤

1 压　熟 牛肉切成大块，放入高压锅内，加入白芷、八角、花椒、香叶、葱段、姜片、清水、海鲜酱油和精盐，压20分钟至熟，取出牛肉。

2 初加工 洋葱、红椒、青椒分别洗净，切成丝；干树椒切碎丁，放入碗内，淋上热油拌匀。

3 拌　制 把熟牛肉撕碎，放入香菜段、洋葱丝、青椒丝、红椒丝、树椒丁、辣椒油、蚝油、海鲜酱油、米醋、香油、白糖、鸡精、精盐和熟芝麻搅拌均匀，装盘上桌即可。

炝拌牛百叶

原料·调料

牛百叶……………………400克
香菜段……………………25克
芝麻………………………15克
树椒、蒜瓣………………各10克
精盐、鸡精………………各1小匙
芥末油、辣椒油…………各1/2小匙
海鲜酱油…………………2小匙
米醋、植物油……………各1大匙

制作步骤

1 焯烫 牛百叶洗净，切成长条，放入沸水锅内焯烫一下，捞出，换清水冲凉，攥干水分。

2 初加工 蒜瓣去皮，切成末；树椒切成小段，放入热油锅内炒出香辣味，出锅。

3 拌制 将香菜段、蒜末、树椒段放在容器内，加入芥末油、辣椒油、海鲜酱油拌匀，放入牛百叶条、精盐、鸡精、米醋、芝麻搅拌均匀，装盘上桌即可。

什锦牛肚丝

原料 · 调料

牛肚300克，红椒50克，水发木耳30克。

葱段、姜片各15克，蒜末10克，八角2粒，精盐、味精、树椒油、香油各1小匙。

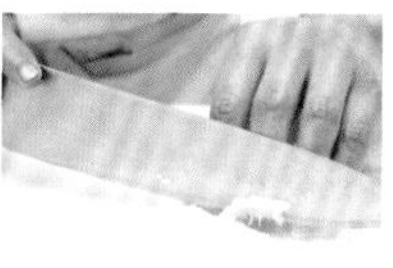

制作步骤

1 初加工 红椒洗净，切成长丝；水发木耳切成丝；牛肚洗涤整理干净，放入沸水锅中焯烫一下，捞出、沥水，去除肚毛，冲洗干净。

2 煮　制 把牛肚再放入清水锅中，加入葱段、姜片、八角煮至熟嫩，捞出、凉凉，切成丝。

3 拌　制 牛肚丝放入盆中，加入青椒丝、红椒丝、水发木耳丝、精盐、味精、蒜末、树椒油、香油拌匀，装盘上桌即成。

水爆肚

▶原料 · 调料

毛肚400克，香菜25克。

腐乳1小块，大葱15克，蒜瓣10克，芝麻酱2大匙，酱油1大匙，辣椒油2小匙，香油1小匙，米醋少许。

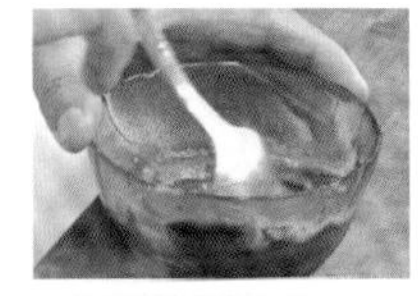

▶制作步骤

1 初加工 毛肚用清水漂洗干净，沥净水分，切成细丝；大葱洗净，切成丝；香菜去根，洗净，切成小段；蒜瓣去皮，剁成末。

2 酱　汁 碗中加入腐乳块碾碎，放入芝麻酱继续搅拌，倒入酱油和少许清水稀释，加入辣椒油、香油、米醋搅拌均匀成酱汁。

3 焯　烫 锅置火上，加入清水烧沸，关火，倒入毛肚丝烫约10秒钟，捞出，放在盘内，撒上蒜末、香菜段、葱丝，淋上调好的酱汁即可。

蕨菜狗肉丝

▶原料 · 调料

熟狗肉……………………200克
蕨菜 ……………………150克
红辣椒……………………………1个
蒜末、姜末………………各10克
精盐、辣椒油……………各1小匙
白糖、花椒油……………各2小匙
米醋、酱油………………各1大匙

▶制作步骤

1味 汁 红辣椒去蒂、去籽，切成细丝；熟狗肉撕成丝；花椒油放入小碗中，加入辣椒油、蒜末、姜末、酱油、米醋、白糖调匀成味汁。

2焯 烫 把蕨菜去根，洗净，切成小段，放入清水锅内，加上精盐焯烫至熟，捞出、沥水。

3拌 制 把蕨菜段、熟狗肉丝、红辣椒丝和调好的味汁拌匀，装盘上桌即成。

豉椒泡菜白切鸡

▶原料 · 调料

净仔鸡1只，泡菜100克，青尖椒、红尖椒各15克，熟芝麻10克。

花椒粒5克，葱末、姜末、蒜末各10克，味精、白糖、豆豉辣酱、酱油、植物油各适量。

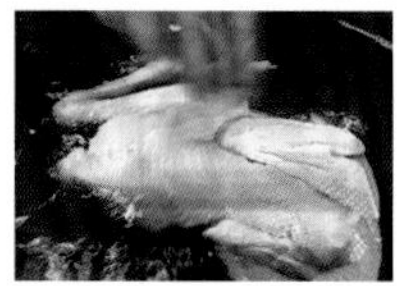

▶制作步骤

1 煮 制 泡菜切成小丁；青尖椒、红尖椒分别去蒂，切成椒圈；净仔鸡从中间剁开成两半，放入清水锅内煮沸，转小火煮10分钟至熟嫩，取出、凉凉，剁成大块，放入盘中。

2 味 汁 锅中加入植物油烧热，下入花椒粒炸至煳，捞出花椒粒不用成花椒油，加入葱末、姜末、蒜末、豆豉辣酱炒出香味，出锅成味汁。

3 拌 制 味汁内加入酱油、熟芝麻、白糖、味精、泡菜丁、青红椒圈拌匀，浇在鸡块上即成。

特色香卤鸡

原料 · 调料

净仔鸡………1只（约1000克）
净口蘑…………………………20克
生姜……………………………25克
酱油……………………………2大匙
精盐……………………………1小匙
五香料包（丁香、草果、白芷、砂仁、茴香各适量）…………1个
饴糖……………………………1大匙
卤水、植物油……………各适量

制作步骤

1 初加工 净仔鸡用清水洗净，将鸡爪塞入鸡腹内，擦净表面水分；饴糖加上少许清水调匀，涂抹在仔鸡上。

2 炸 制 净锅置火上，加入植物油烧至八成热，放入仔鸡炸至呈黄色，捞出、沥油。

3 卤 制 净锅置火上，加入卤水、五香料包、生姜、精盐、净口蘑、酱油烧沸，放入仔鸡，用小火卤至酥烂，离火再浸卤10分钟即可。

香辣鸭脖

原料·调料

鸭脖……………………………500克
葱段、姜片………………各15克
香叶、丁香、砂仁…………各3克
花椒、桂皮…………………各5克
八角、草蔻…………………各2克
干辣椒、小茴香…………各少许
精盐、白糖………………各1小匙
料酒…………………………4大匙
红曲米、香油……………各2小匙

制作步骤

1腌 渍 鸭脖去除杂质，放入容器中，加入葱段、姜片和精盐拌匀，腌渍30分钟。

2味 汁 锅置火上，放入少许葱段、姜片、香叶、砂仁、草蔻、小茴香、花椒、丁香、八角、桂皮、料酒、白糖、红曲米、干辣椒、适量清水烧沸，熬煮30分钟成浓汁。

3卤 煮 放入腌好的鸭脖，用旺火煮20分钟，关火后在汤汁中浸泡至入味，取出鸭脖、凉凉，刷上香油，剁成大块，装盘上桌即成。

椒麻卤鹅

▶原料·调料

带骨鹅肉1块（约1000克），香葱30克。

花椒粒10克，精盐1小匙，味精1/2小匙，植物油2大匙，香油少许，卤水1000克。

▶制作步骤

1 初加工 将带骨鹅肉洗净，放入沸水锅内焯烫一下，捞出、沥水；把花椒粒、香葱洗净，一起剁成蓉状成椒麻糊，放在碗内。

2 卤 制 锅中加入卤水烧沸，放入鹅肉块，小火卤煮1小时至熟，捞出、凉凉，去骨，剁成长条状，整齐地码入盘中。

3 味 汁 净锅置火上，加上植物油烧热，倒入盛有椒麻糊的碗中，再放入精盐、味精、香油调匀成味汁，浇在卤鹅肉上即可。

鸡丝凉皮

▶原料 · 调料

凉皮…………………………250克
鸡胸肉………………………100克
花生碎…………………………50克
芝麻……………………………15克
香葱丁、蒜末……………各10克
料酒、米醋………………各2大匙
海鲜酱油……………………2小匙
麻辣油、麻辣酱…………各少许
豆豉酱、料酒、白糖……各1大匙
花椒粉、鸡精……………各1小匙
香油、植物油……………各适量

▶制作步骤

1 焯 烫 净锅置火上，加入清水烧沸，下入凉皮焯烫一下，捞出，用冷水投凉，沥净水分，加入香油搅拌均匀，放在深盘内。

2 煸 炒 将鸡胸肉洗净，切成小条，放入烧热的油锅内煸炒至变色，加入料酒、海鲜酱油炒出香味，出锅。

3 拌 制 凉皮碗中放入蒜末、熟鸡条、麻辣油、芝麻、麻辣酱、豆豉酱、花椒粉、米醋、白糖、鸡精拌匀，撒上花生碎、香葱丁即可。

老汤卤豆腐

原料 · 调料

老豆腐500克，香葱25克。

精盐1小匙，沙茶酱1大匙，豆瓣酱2大匙，酱油4大匙，香油1/2小匙，老汤适量，植物油1000克（约耗60克）。

制作步骤

1 焯　烫 老豆腐切成厚片，放入沸水锅内焯烫一下，捞出、沥水；香葱洗净，切成段。

2 炸　制 净锅置火上，加入植物油烧至五成热，放入豆腐片炸至表皮变硬，捞出、沥油。

3 卤　制 净锅置火上，放入老汤、精盐、沙茶酱、豆瓣酱、酱油煮成卤味汁，放入豆腐片，用小火卤20分钟至入味，出锅盛入碗中，撒上香葱段，淋上香油即可。

酥鲫鱼

原料 · 调料

鲫鱼750克。

葱段、姜片、蒜瓣各10克，树椒、八角、花椒、香叶各少许，番茄酱、冰糖、白糖、白醋、老抽、植物油各适量。

制作步骤

1 冲　炸 鲫鱼去掉鱼鳃、鱼鳞和内脏，洗净，放入烧热的油锅内冲炸一下，捞出、沥油。

2 味　汁 锅中留少许底油，复置火上烧热，加入番茄酱、葱段、姜片和蒜瓣炒香，加入清水、树椒、八角、花椒、香叶、冰糖、白糖、白醋和老抽煮沸成味汁。

3 酥　焖 下入鲫鱼，用小火焖约2小时至酥香，离火、凉凉，把鲫鱼码放在盘内即成。

五彩鱼皮

▸原料 · 调料

水发鱼皮……………………300克
冬笋、红椒………………各50克
绿豆芽、黄瓜……………各25克
精盐、味精………………各1小匙
香油…………………………2小匙
花椒油………………………1大匙

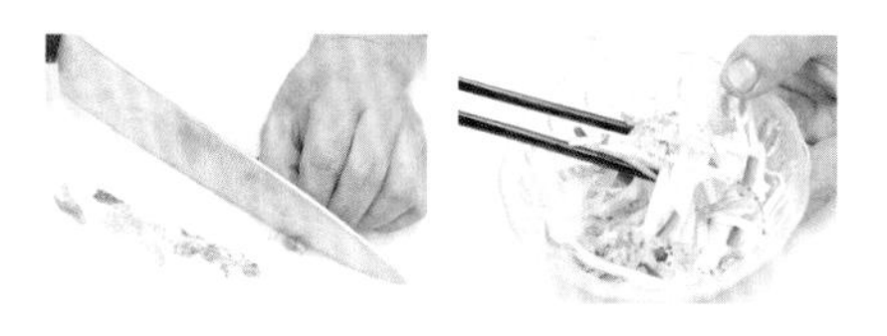

▸制作步骤

1 初加工 水发鱼皮放入沸水锅中，快速焯烫一下，捞出、凉凉，切成细丝；冬笋去皮，切成细丝；红椒去蒂，切成丝；绿豆芽去根，洗净。

2 焯 烫 净锅置火上，加入清水烧沸，倒入冬笋丝、红椒丝、绿豆芽焯至断生，捞出；黄瓜洗净，切成丝，加入精盐稍腌，挤去水分。

3 拌 制 盆中加入精盐、味精、香油、花椒油调匀成味汁，放入水发鱼皮丝、冬笋丝、红椒丝、绿豆芽、黄瓜丝拌匀，装盘上桌即成。

海鲜大拌菜

原料 · 调料

净虾仁、净鱿鱼、水发海蜇皮各75克，白菜、萝卜、紫甘蓝、干豆腐、豆皮、尖椒、水发粉丝、香葱、香菜末各少许。

蒜末10克，精盐、米醋、白糖、花椒油、红油各适量。

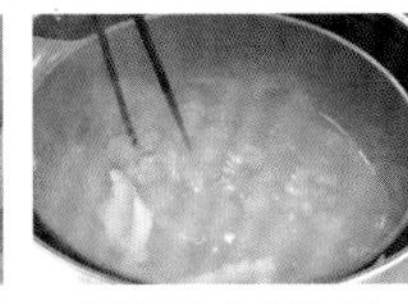

制作步骤

1 焯　烫 净鱿鱼剞上花刀；水发海蜇皮切成丝；把净虾仁、净鱿鱼、水发海蜇丝放入沸水锅内焯烫一下，捞出、过凉，沥水。

2 初加工 白菜撕成丝；萝卜去皮，切成丝；紫甘蓝、豆皮、干豆腐分别切成丝；水发粉丝、香葱均切成段；尖椒去蒂，洗净，切成丝。

3 拌　制 将所有食材放在容器内，加入蒜末、香菜末、米醋、精盐、白糖、花椒油和红油搅拌均匀，摆盘上桌即可。

姜汁海蜇卷

▸原料 · 调料

水发海蜇皮……………400克
甘蓝……………………250克
精盐……………………2小匙
味精……………………1小匙
白糖……………………少许
卤水……………………4大匙
鲜姜汁…………………2大匙

▸制作步骤

1 初加工 水发海蜇皮切成细丝，漂洗干净，沥净水分；甘蓝去掉菜根，取嫩甘蓝叶，洗净，放入沸水中烫软，捞出、冲凉。

2 海蜇卷 用甘蓝叶包上蜇皮丝并卷好，用棉绳捆牢，包成12个5厘米长、2厘米宽的海蜇卷。

3 腌 泡 鲜姜汁、精盐、味精、白糖和卤水放入容器中拌匀成味汁，放入包好的海蜇卷腌泡20分钟，捞出、码盘，淋上少许味汁即可。

时蔬三文鱼沙拉

原料・调料

三文鱼……………………300克
生菜、紫甘蓝…………各100克
洋葱、青椒、红椒…各50克
柠檬、黄瓜……………各40克
核桃仁、熟芝麻…………各20克
精盐、柠檬汁……………各1小匙
蛋黄酱、酱油……………各1大匙
番茄酱、红酒……………各2大匙
橄榄油………………………适量

制作步骤

1 初加工 将三文鱼洗净，切成小条；紫甘蓝、青椒、红椒、柠檬、黄瓜分别洗净，均切成条。

2 摆　盘 洋葱洗净，取一半切成条，另一半切成末；生菜择洗干净，撕开后放入盘中垫底，间隔码上洋葱条、青椒条、红椒条、柠檬条和黄瓜条，中间码放好三文鱼条，撒上核桃仁。

3 味　汁 红酒加入洋葱末、柠檬汁、精盐、熟芝麻、酱油、橄榄油拌匀成红酒汁；蛋黄酱放入碗中，加入番茄酱、少许洋葱末拌匀成蛋黄汁，同红酒汁、时蔬三文鱼一起上桌即可。

椒盐墨鱼卷

原料 · 调料

墨鱼肉300克。

精盐、胡椒粉各1小匙，料酒1大匙，味精、白糖各少许，茶叶、淀粉、花椒盐各适量，植物油1000克（约耗50克）。

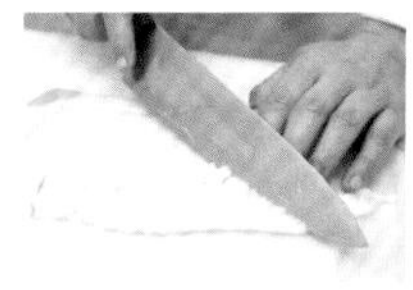

制作步骤

1 初加工 墨鱼肉洗净，表面剞上斜交叉花刀，再切成长方条，加入精盐、味精、胡椒粉、料酒、淀粉拌匀。

2 炸　制 锅内加入植物油烧热，放入墨鱼条冲炸一下，待墨鱼条卷起、呈浅黄色时，捞出。

3 熏　制 熏锅置火上，撒上白糖和茶叶，架上铁箅子，摆上墨鱼卷，盖上锅盖，稍熏后取出，装入盘中，撒上花椒盐即可。

炝拌明太鱼干

▸原料 · 调料

明太鱼干……………………200克
胡萝卜、黄瓜……………各50克
洋葱、香菜………………各30克
熟芝麻………………………15克
蒜末…………………………10克
海鲜酱油……………………1大匙
米醋、辣椒油……………各2小匙
精盐、白糖………………各1小匙
韩式辣酱、鸡精…………各少许

▸制作步骤

1初加工 明太鱼干撕成丝，用温水浸泡几分钟，沥水，放在大碗内；胡萝卜去皮，切成丝；香菜洗净，切成小段；洋葱剥去老皮，切成丝。

2味 汁 黄瓜洗净，切成细丝；小碗内加入韩式辣酱、米醋、海鲜酱油拌匀成味汁。

3拌 制 在盛有明太鱼丝的碗内放入胡萝卜丝、香菜段、洋葱丝、黄瓜丝和蒜末，加入白糖、精盐、鸡精、味汁、辣椒油、熟芝麻搅拌均匀，装盘上桌即可。

茶熏八爪鱼

▸原料 · 调料

八爪鱼600克。

茶叶15克，花椒粉1/2小匙，白糖、料酒各2大匙，老抽、生抽各2小匙，香油少许。

▸制作步骤

1 卤　制 八爪鱼去掉外膜和内脏，洗净，放入清水锅中，加入老抽、生抽、料酒、花椒粉烧沸，转小火卤15分钟至入味，捞出、沥水。

2 初加工 熏锅置火上，撒入白糖、茶叶拌匀，放入铁箅子，上放八爪鱼，盖好熏锅盖。

3 熏　制 用小火烧至锅中冒烟，关火后等烟散尽，取出八爪鱼，刷上香油，装盘上桌即成。

Part 02 美味热菜

糖醋脆皮茄子

▶原料 · 调料

茄子350克，胡萝卜、蒜薹各50克，鸡蛋1个。

葱花、姜片各10克，番茄酱、蚝油各2小匙，米醋、酱油各1大匙，白糖、鸡精、水淀粉、面粉、香油、植物油各适量。

▶制作步骤

1初加工 茄子去蒂，洗净，切成小段，放在容器中，磕入鸡蛋，加上水淀粉、面粉抓匀，下入油锅内炸至变色，捞出、沥油；胡萝卜洗净，切成小丁；蒜薹择洗干净，也切成丁。

2炒　制 锅内加入少许植物油烧热，下入葱花、姜片、蒜薹丁、胡萝卜丁炒匀。

3调　味 放入番茄酱、蚝油、米醋、酱油、白糖、鸡精和香油烧沸，下入炸好的茄子条翻炒均匀，出锅装盘即成。

丁藕丸子

原料 · 调料

莲藕……………………200克
鲜香菇……………………75克
鸡蛋……………………1个
葱段、姜片……………………各5克
面粉……………………2大匙
精盐、白糖、蚝油………各1小匙
味精、胡椒粉……………各少许
酱油……………………2小匙
植物油……………………适量

制作步骤

1 馅　料 鲜香菇洗净，去掉菌蒂，切成丁；莲藕去掉藕节，削去外皮，切成细丝，放在碗内，加入胡椒粉、精盐、味精、鸡蛋、面粉及少许植物油搅拌均匀成馅料。

2 炒　制 净锅置火上烧热，加入少许植物油，放入葱段、姜片和香菇丁炒香，加入酱油、蚝油、胡椒粉、白糖、味精烧至收汁，出锅。

3 炸　制 用调制好的馅料裹住香菇丁成丸子，放入油锅内炸至金黄色，捞出，装盘上桌即可。

椒盐小土豆

▸原料 · 调料

小土豆……………………400克
青椒丁、红椒丁…………各50克
香葱…………………………25克
椒盐…………………………2小匙
植物油………………………适量

▸制作步骤

1蒸　制 小土豆洗净，放入蒸锅内，用旺火蒸约10分钟至熟，取出、凉凉，剥去外皮，切成两半；香葱去根，洗净，切成香葱花。

2煎　制 净锅置火上，加入植物油烧至六成热，下入小土豆煎至一面呈金黄色。

3调　味 将小土豆翻转煎另一面，用铲子轻压小土豆表面，撒上青椒丁、红椒丁和香葱花炒香，加入椒盐翻炒均匀，出锅装盘即可。

农家烧四宝

原料 · 调料

长豆角、排骨…………各150克
玉米、土豆……………各100克
葱段、姜片………………各10克
八角……………………………2粒
黄豆酱、老抽……………各1大匙
蚝油…………………………2小匙
白糖、鸡精………………各1小匙
植物油………………………2大匙

制作步骤

1 初加工 玉米剁成小块；土豆去皮，切成块；长豆角洗净，切成小段；排骨洗净，剁成块。

2 炒　匀 净锅置火上，加入植物油烧热，下入排骨块、葱段、姜片、八角翻炒片刻，加入黄豆酱、老抽、蚝油、白糖、鸡精和清水翻炒均匀。

3 压　制 高压锅置火上，倒入炒锅中的原料，盖上锅盖压约10分钟，再放入玉米块、土豆块和长豆角段，继续压5分钟即可。

辣烧茄子豆角

原料 · 调料

茄子……………………250克
长豆角…………………200克
猪肉末…………………75克
红椒块…………………25克
葱段、姜片……………各15克
蒜片……………………10克
辣妹子辣酱……………1大匙
白糖、水淀粉…………2小匙
老抽……………………少许
植物油…………………适量

制作步骤

1冲 炸 茄子去蒂，切成小块，用水淀粉抓匀，放入油锅内冲炸一下，捞出；长豆角切成长段，也放入热油锅内略炸一下，捞出、沥油。

2炝 锅 原锅留少许底油，复置火上烧热，放入猪肉末炒至变色，加入葱段、姜片、蒜片、辣妹子辣酱炒出香辣味。

3烧 制 放入茄子块、长豆角段和红椒块，加入老抽、白糖和清水，用小火烧约2分钟，用水淀粉勾芡，出锅装盘即可。

香菇肉酱

原料·调料

鲜香菇250克，猪肉125克。

大葱25克，姜末15克，蒜瓣10克，甜面酱2大匙，白糖2小匙，植物油适量。

制作步骤

1 初加工 鲜香菇去蒂，切成丁；猪肉切成碎末；大葱切成葱花；蒜瓣去皮，切成小片。

2 炝 锅 净锅置火上，加入植物油烧至六成热，下入猪肉末碎炒干水分，再放入少许葱花、姜末、蒜片翻炒均匀。

3 炒 制 放入鲜香菇丁翻炒一下，加入甜面酱和少许清水炒匀，用旺火收浓汤汁，加入白糖不断翻炒均匀，撒上葱花，出锅上桌即成。

杏鲍菇扣西蓝花

原料 · 调料

杏鲍菇……………………250克
西蓝花……………………200克
芝麻…………………………少许
大葱…………………………15克
蒜瓣…………………………10克
精盐…………………………1小匙
白糖、老抽………………各少许
蚝油、水淀粉……………各2小匙
植物油………………………适量

制作步骤

1 初加工 杏鲍菇去蒂，洗净，切成丁；西蓝花去掉根茎，掰取嫩西蓝花瓣，洗净；大葱择洗干净，切成末；蒜瓣去皮，切成小片。

2 炒 制 净锅置火上，加入清水、精盐、白糖和少许植物油煮沸，倒入西蓝花瓣焯烫至熟，捞出西蓝花，码放在盘内。

3 出 锅 锅中加上植物油烧热，下入葱末、蒜片炝锅，放入杏鲍菇丁、蚝油、老抽炒匀，用水淀粉勾芡，倒在盛有西蓝花的盘内，撒上芝麻即成。

糖醋蟹味菇

原料・调料

蟹味菇300克，红椒、青椒各25克，香葱15克。

葱花10克，精盐1小匙，番茄酱、白糖各1大匙，淀粉、水淀粉、植物油各适量。

制作步骤

1 初加工 蟹味菇洗净，放入沸水锅内焯烫一下，捞出、沥水，加入淀粉拌匀；红椒、青椒分别洗净，切成丁；香葱择洗干净，切成小段。

2 冲 炸 净锅置火上，加入植物油烧至六成热，下入蟹味菇冲炸至熟，捞出、沥油。

3 炒 制 锅中留少许底油烧热，下入葱花、番茄酱、白糖、精盐和少许清水烧沸，放入红椒丁、青椒丁、香葱段和炸好的蟹味菇炒匀，用水淀粉勾芡，出锅装盘即成。

辣椒小炒肉

▸原料·调料

猪五花肉250克，泰椒、美人椒各75克，洋葱50克，香葱25克，水发木耳15克。

姜片、蒜片各10克，精盐、鸡精、胡椒粉、白糖、料酒、水淀粉、老干妈豆豉酱、海鲜酱油、植物油、水淀粉各适量。

▸制作步骤

1 初加工 泰椒、美人椒分别去蒂，切成小条；洋葱洗净，切成条；香葱择洗干净，切成小段。

2 滑　油 猪五花肉洗净，切成片，加入精盐、胡椒粉、料酒、水淀粉抓匀，放入热油锅内冲炸一下，捞出、沥油。

3 炒　制 锅中留底油烧热，下入姜片、蒜片、泰椒条、美人椒、洋葱条、水发木耳和五花肉片炒香，加入老干妈豆豉酱、白糖、鸡精、海鲜酱油炒匀，用水淀粉勾芡，出锅装盘即可。

蒜香肉丁

▶原料·调料

猪里脊肉……………………300克
蒜瓣…………………………75克
青椒、红椒………………各30克
葱花、姜片………………各10克
精盐、胡椒粉……………各1小匙
料酒、白糖………………各2小匙
海鲜酱油……………………1大匙
辣椒粉、鸡精…………各1/2小匙
五香粉、孜然……………各少许
香油、植物油……………各适量

▶制作步骤

1 初加工 猪里脊肉切成丁，加入料酒、海鲜酱油、胡椒粉、五香粉抓匀；蒜瓣去根，剥去外皮；青椒、红椒洗净，去蒂、去籽，切成丁。

2 滑 油 净锅置火上，加入植物油烧至六成热，加入猪里脊肉丁滑散至熟，捞出、沥油；油锅内再放入蒜瓣炸至呈黄色，捞出。

3 炒 制 锅中留少许底油，复置火上烧热，下入葱花、姜片、青椒丁、红椒丁、猪里脊肉丁、蒜瓣翻炒均匀，加入辣椒粉、精盐、白糖、鸡精、孜然炒匀，淋入香油，出锅装盘即可。

尖椒炒猪头肉

▸原料 · 调料

熟猪头肉350克，尖椒150克。

泰椒、香葱段各15克，姜片、蒜片各10克，精盐、白糖各2小匙，鸡精、生抽各1小匙，料酒1大匙，老干妈辣酱2大匙，海鲜酱油少许，植物油适量。

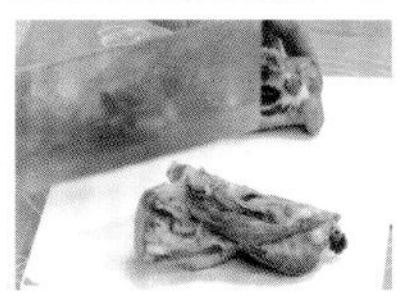

▸制作步骤

1焯 烫 尖椒去掉筋膜，切成小块；熟猪头肉切成大片，放入沸水锅内，加上料酒、精盐、白糖、鸡精、生抽焯烫一下，捞出、沥水。

2炝 锅 净锅置火上，加上植物油烧至六成热，下入香葱段、姜片、蒜片、泰椒、尖椒块煸炒片刻出香辣味。

3炒 制 下入熟猪头肉片，加入老干妈辣酱、海鲜酱油、白糖和鸡精，用旺火快速炒至入味，出锅装盘即可。

海带结红烧肉

原料 · 调料

猪五花肉………1块（约500克）
海带结……………………200克
葱段、姜片、蒜瓣………各15克
陈皮、桂皮………………各1小块
八角、花椒………………各3克
精盐、白糖………………各2小匙
味精………………………1小匙
料酒………………………1大匙
植物油……………………适量

制作步骤

1 初加工 猪五花肉洗净，切成块；海带结浸洗干净；锅中加上植物油烧热，下入白糖炒成糖色，烹入料酒，放入五花肉块炒至上色，取出。

2 炝 锅 锅置火上，加上植物油烧热，下入蒜瓣、葱段、姜片炝锅，加入八角、桂皮、花椒、陈皮、清水和海带结煮至沸。

3 烧 制 加入精盐、味精调好口味，放入猪五花肉块烧沸，转小火烧约40分钟至五花肉块熟烂，改用旺火收浓汤汁，出锅上桌即成。

豉汁蒸排骨

▶原料 · 调料

猪排骨……………………400克
豆豉………………………25克
葱花………………………10克
蒜瓣………………………15克
酱油………………………1大匙
胡椒粉……………………1小匙
香油………………………少许
白糖、淀粉………………各2小匙

▶制作步骤

1 初加工 猪排骨洗净血污，擦净表面水分，剁成小块；豆豉剁成碎末；蒜瓣去皮，切成末。

2 腌 渍 把排骨块放在容器内，加入豆豉碎、蒜末拌匀，再加入胡椒粉、香油、酱油、白糖和淀粉搅拌均匀，腌渍10分钟。

3 蒸 制 将排骨块码放在深盘内，放入蒸锅内，用旺火蒸约15分钟至熟嫩，取出，撒上葱花，直接上桌即可。

菠萝生炒排骨

原料 · 调料

排骨400克，菠萝200克，青椒、红椒各1个，鸡蛋黄少许。

葱花、姜末各10克，精盐1小匙，番茄沙司、料酒各1大匙，白醋、白糖、淀粉、水淀粉、味精、植物油各适量。

制作步骤

1 初加工 菠萝去皮，切成小块，放入淡盐水中浸泡；青椒、红椒分别洗净，切成小块；排骨剁成小块，加入精盐、料酒、鸡蛋黄、淀粉拌匀、上浆，放入热油锅内炸至熟香，捞出、沥油。

2 味　汁 葱花、姜末、番茄沙司、精盐、白糖、白醋、味精和水淀粉放入碗内成味汁。

3 炒　制 锅中加上植物油烧热，放入菠萝块、青椒块、红椒块和排骨块稍炒，烹入调好的味汁，用旺火快速翻炒均匀，出锅装盘即可。

酸豆角炒五花肉

原料 · 调料

五花肉……………………200克
酸豆角……………………125克
尖椒、泰椒………………各25克
葱末、姜末、蒜末………各10克
精盐………………………1小匙
酱油………………………1大匙
料酒、白糖………………各2小匙
香油………………………少许
植物油……………………2大匙

制作步骤

1 初加工 酸豆角洗净，切成小段，放入沸水锅内焯烫一下，捞出、沥水；尖椒、泰椒分别切成椒圈；五花肉去掉筋膜，切成薄片。

2 煸　炒 净锅置火上，加入植物油烧至六成热，下入五花肉片煸炒至熟，加入葱末、姜末、蒜末炒出香味。

3 调　味 下入酸豆角段继续煸炒，加入酱油、料酒、白糖和精盐炒匀，放入泰椒圈、尖椒圈翻炒片刻，淋入香油，出锅装盘即成。

肉皮炒黄豆

▶原料 · 调料

猪肉皮400克，水发黄豆100克，洋葱、青椒、红椒各25克。

葱段、香葱花各10克，蒜片、树椒段各5克，精盐、老抽各1小匙，白糖、水淀粉各2小匙，香油、植物油各适量。

▶制作步骤

1 初加工 猪肉皮洗净，放入清水锅内煮至熟，捞出、过凉，去除油脂，切成丁；青椒、红椒、洋葱分别洗净，切成丁。

2 炝　锅 净锅置火上，加入植物油烧至六成热，放入树椒段、葱段、蒜片炝锅出香味，加上熟肉皮丁、水发黄豆略炒。

3 炒　制 放入洋葱丁、红椒丁和青椒丁，加入老抽、清水、精盐、白糖炒匀，用水淀粉勾薄芡，加入青椒丁、香葱花，淋上香油，出锅装盘即可。

小炒腊肉

▸原料 · 调料

腊肉250克，西蓝花75克，香菇50克，胡萝卜、韭菜各少许。

精盐1小匙，白糖1/2小匙，植物油1大匙。

▸制作步骤

1 初加工 腊肉刷洗干净，切成大片；香菇去蒂，片成片；西蓝花去根，掰取小花瓣；韭菜洗净，切成小段；胡萝卜去皮，洗净，切成小片。

2 煸　炒 净锅置火上，加入植物油烧至五成热，下入腊肉片煸炒出香味。

3 调　味 依次放入香菇片、胡萝卜片、西蓝花翻炒一下，加入白糖、精盐、少许清水和韭菜段炒匀，出锅装盘即成。

笋烧肉

▸原料 · 调料

腊肉……………………………250克
莴笋、笋尖………………各75克
红椒……………………………25克
葱花、姜片………………各10克
蒜片……………………………5克
精盐、鸡精………………各1小匙
白糖、老抽………………各1大匙
水淀粉、香油……………各少许
植物油…………………………适量

▸制作步骤

1 初加工 莴笋去皮，洗净，切成滚刀块；笋尖洗净，切成小块；腊肉刷洗干净，切成片；红椒洗净，切成小块；把莴笋块、笋尖块、腊肉片放入沸水锅内焯烫一下，捞出、沥水。

2 煸　炒 锅内加入植物油烧热，下入葱花、姜片、蒜片、红椒块炝锅出香味，放入莴笋块、笋尖块和腊肉片炒匀，加上老抽炒至上色。

3 出　锅 倒入少许清水烧沸，加入白糖、鸡精、精盐调味，用水淀粉勾芡，淋上香油即成。

干锅牛肉

▶原料 · 调料

牛肉400克，洋葱150克，西芹75克，香菜段25克，鸡蛋清1个。

葱段、姜片、蒜片、泰椒各5克，花椒粉、孜然、白糖、鸡精、红油、豆豉、酱油、料酒、水淀粉、植物油各适量。

▶制作步骤

1滑　油 牛肉切成大片，加入鸡蛋清、水淀粉抓匀，放入烧至五成热的油锅内滑油，捞出。

2炒洋葱 西芹去除筋膜，洗净，切成段；洋葱剥去外层老皮，切成丝，放入烧热的油锅内煸炒至软，出锅，盛放在干锅内。

3调　味 锅内加入植物油烧热，放入葱段、姜片、蒜片、泰椒炝锅，加入花椒粉、孜然、豆豉、酱油、料酒、牛肉片、西芹段、香菜段、白糖、鸡精、红油炒匀，出锅放在洋葱丝上即成。

孜然牛肉

▸原料 · 调料

牛肉……………………………300克
彩椒、洋葱…………………各75克
蒜片、姜末…………………各15克
孜 然 …………………………… 5克
海鲜酱油、料酒…………各2小匙
蚝油、胡椒粉……………各1小匙
水淀粉、甜面酱…………各1大匙
辣椒粉、鸡精……………各少许
白糖、植物油……………各适量

▸制作步骤

1初加工 牛肉去除筋膜，切成大片，加入料酒、海鲜酱油、蚝油、胡椒粉、水淀粉和少许植物油拌匀；彩椒、洋葱分别洗净，切成小块。

2煸　炒 净锅置火上，加入植物油烧至六成热，下入牛肉片、蒜片煸炒一下，倒出锅内多余的油脂。

3调　味 放入洋葱块、彩椒块和姜片，加入甜面酱、辣椒粉、鸡精和白糖，用旺火翻炒均匀，撒上孜然炒匀，出锅装盘即成。

苏叶焗肥牛

▶原料 · 调料

肥牛片300克，豆芽200克，苏子叶75克，鸡蛋清1个。

葱花、姜片、蒜片各少许，精盐、鸡精、淀粉各1小匙，料酒、白糖、米醋各2小匙，蒜蓉辣酱1大匙，柱侯酱、叉烧酱各1/2大匙，海鲜酱、香油、水淀粉、植物油各适量。

▶制作步骤

1 炒豆芽 苏子叶洗净，码入盘中；豆芽去根，洗净，放入烧热的油锅内稍炒，烹入米醋，加入精盐、鸡精翻炒片刻，出锅，装碗，放入盘中。

2 滑　油 肥牛片加入精盐、鸡精、料酒、鸡蛋清、淀粉拌匀，放入油锅内滑油，捞出、沥油。

3 炒　制 锅中留底油烧热，下入葱花、姜片、蒜片炒香，加入蒜蓉辣酱、柱侯酱、叉烧酱、海鲜酱、白糖和肥牛片炒匀，用水淀粉勾芡，淋入香油，放在盛有豆芽和苏子叶的盘中即成。

京味洋葱烤肉

▶原料 · 调料

肥牛片400克，洋葱150克。

葱段25克，姜丝15克，熟芝麻5克，精盐1小匙，味精、胡椒粉、香油各少许，酱油、甜面酱、烤肉酱各1大匙，植物油2大匙。

▶制作步骤

1腌　渍 肥牛片加入酱油、精盐、胡椒粉、味精、香油、姜丝、葱段和少许植物油拌匀，腌渍入味；洋葱剥去外皮，切成洋葱圈。

2炒　制 净锅置旺火上，加入植物油烧热，把肥牛片加入甜面酱、烤肉酱拌匀，下入锅内，用筷子轻轻拨散，待肥牛片翻炒至变色后，取出。

3装　盘 净锅复置火上烧热，放入洋葱圈炒至变软，淋上少许香油，放入肥牛片稍炒片刻，离火、出锅，装入盘中，撒上熟芝麻即可。

莲藕酱爆牛肉

原料·调料

酱牛肉……………………200克
莲藕………………………150克
蒜苗…………………………75克
泰椒…………………………15克
姜块、蒜瓣………………各10克
甜面酱……………………1大匙
豆瓣酱…………………1/2大匙
白糖、鸡精………………各少许
植物油……………………2大匙

制作步骤

1焯 烫 莲藕削去外皮，用清水洗净，切成片，放入沸水锅内焯烫一下，捞出、沥水。

2初加工 酱牛肉逆纹路切成大片；蒜苗去根，切成小段；泰椒去蒂，切成椒圈；蒜瓣去皮，洗净，切成片；姜块去皮，洗净，切成片。

3炒 制 净锅置火上，加入植物油烧至六成热，放入姜片、蒜片、泰椒圈炝锅出香味，加上甜面酱、豆瓣酱、莲藕片、白糖、鸡精、蒜苗段和酱牛肉片翻炒均匀，出锅装盘即可。

红焖羊肉

原料 · 调料

羊腩肉400克，胡萝卜、土豆各75克，香菜、香葱各15克。

八角、桂皮各5克，香叶、干树椒各3克，葱段、姜片各25克，精盐2小匙，老抽4小匙，料酒1大匙，植物油适量。

制作步骤

1 初加工 羊腩肉洗净，切成大块；胡萝卜去皮，切成滚刀块；土豆去皮，切成小块；香葱洗净，切成香葱花；香菜择洗干净，切成小段。

2 煸　炒 净锅置火上，加入植物油烧热，下入干树椒、葱段、姜片炝锅，烹入料酒，下入羊腩肉和老抽煸炒至上色，下入胡萝卜块和土豆块。

3 压　制 加入清水，放入八角、桂皮、香叶煮沸，撇净浮沫，再加入精盐，倒入压力锅中压15分钟至熟，出锅，撒上香葱花、香菜段即可。

酸辣鸡丁

▶原料 · 调料

鸡腿肉400克，青椒丁、红椒丁各10克，鸡蛋1个。

红辣椒10克，葱花、姜片各5克，精盐、白糖各1小匙，味精少许，水淀粉、淀粉、酱油、米醋、料酒、香油、植物油各适量。

▶制作步骤

1味　汁▶ 鸡腿肉切成丁，加入精盐、酱油、料酒、味精、鸡蛋、淀粉拌匀、上浆；小碗内加入酱油、米醋、料酒、精盐、白糖调匀成味汁。

2滑　油▶ 锅置火上，加入植物油烧热，放入鸡肉丁滑油至八分熟，捞出、沥油。

3炒　制▶ 锅中留少许底油，复置火上烧热，放入红辣椒、葱花、姜片炒香，烹入味汁烧沸，用水淀粉勾芡，放入鸡肉丁、青椒丁、红椒丁炒匀，淋入香油，出锅装盘即成。

爆锤桃仁鸡片

原料·调料

鸡胸肉……………………400克
核桃仁……………………100克
水发木耳……………………50克
青椒、红椒………………各30克
葱花、姜片………………各10克
精盐……………………………1小匙
味精、胡椒粉…………各1/2小匙
淀粉、水淀粉……………各1大匙
料酒、植物油……………各适量

制作步骤

1 初加工 鸡胸肉片成大厚片，两面蘸上淀粉，用擀面杖捶砸成大薄片，切成小片；青椒、红椒洗净，均切成三角块；水发木耳撕成小朵。

2 氽 烫 锅置火上，加入清水、少许精盐烧沸，放入鸡肉片氽烫至变色，捞出、沥水。

3 炒 制 锅内加入植物油烧热，下入葱花、姜片炒香，放入核桃仁、青椒块、红椒块、木耳炒匀，加入精盐、胡椒粉、料酒、味精炒匀，用水淀粉勾芡，放入鸡胸肉片翻炒均匀即可。

老干妈酱爆鸡块

▶原料 · 调料

鸡腿肉300克，长豆角150克。

泰椒段、葱末各20克，姜片、蒜片各15克，精盐2小匙，胡椒粉少许，鸡精1小匙，老干妈豆豉酱、料酒各1大匙，白糖、海鲜酱油、淀粉、植物油各适量。

▶制作步骤

1 初加工 长豆角洗净，切成小段；鸡腿肉切成小块，放在容器内，加入胡椒粉、精盐、料酒、海鲜酱油和淀粉拌匀、上浆。

2 冲 炸 锅置火上，加入植物油烧至五成热，下入鸡腿块炸至浮起，捞出；待锅内油温升高时，放入长豆角段冲炸一下，捞出、沥油。

3 爆 炒 锅内留底油烧热，加入姜片、葱末、泰椒段和蒜片炝锅，加入老干妈豆豉酱、鸡腿块、长豆角段、白糖、鸡精、海鲜酱油、料酒翻炒均匀，出锅装盘即可。

台式盐酥鸡

▸原料 · 调料

鸡腿肉……………………400克
罗勒……………………25克
鸡蛋……………………1个
生抽、料酒……………各1大匙
花雕酒…………………2大匙
香油、胡椒粉…………各1小匙
鸡精、咖喱粉…………各少许
植物油…………………适量

▸制作步骤

1腌　渍 鸡腿肉洗净，切成块，放入碗内，加入生抽、料酒、香油、胡椒粉、花雕酒、鸡精、鸡蛋、咖喱粉拌匀，放入冰箱腌渍4小时。

2炸罗勒 净锅置火上，加入植物油烧热，下入罗勒稍炸一下，取出，放在容器内垫底。

3炸　制 把鸡腿块放入油锅内炸至变色，捞出；待锅内油温升高，再放入鸡腿块炸至色泽金黄，捞出、沥油，放入盛有罗勒的容器内即可。

番茄鸡腿炖土豆

▸原料 · 调料

鸡腿……………………250克
番茄……………………125克
土豆……………………100克
洋葱、胡萝卜…………各50克
香葱花……………………10克
精盐……………………1小匙
红烧汁……………………2大匙
白糖……………………少许
植物油……………………适量

▸制作步骤

1 初加工 鸡腿洗净，剁成大小均匀的块；洋葱剥去老皮，切成小块；番茄洗净，切成块；胡萝卜、土豆分别去皮，洗净，也切成块。

2 煸　炒 锅置火上，加入植物油烧热，下入鸡腿块炒至变色，放入洋葱块、胡萝卜块、番茄块和土豆块炒匀，加入红烧汁和适量清水煮沸。

3 炖　制 用中小火炖至鸡腿块熟香，加入精盐、白糖调好口味，撒上香葱花，出锅装碗即成。

老虎杠子鸡

原料 · 调料

鸡腿肉300克，馒头条150克，青椒块25克。

泰椒、姜片各20克，蒜瓣、干树椒各10克，花椒、水淀粉、鸡精、香油各少许，蚝油、老抽各1大匙，海鲜酱油2大匙，料酒、白糖、植物油各适量。

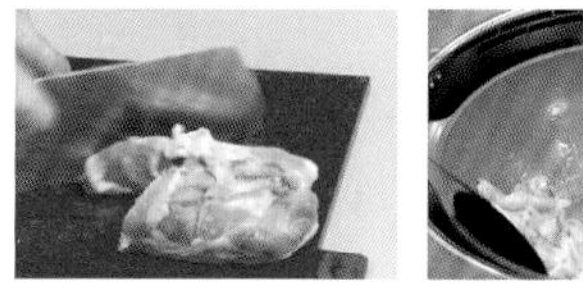

制作步骤

1 初加工 鸡腿肉洗净，切成小块，加入少许海鲜酱油、料酒拌匀；馒头条放入烧热的油锅内炸至变色，捞出、沥油。

2 煸　炒 锅内加入植物油烧热，放入鸡肉块炒至变色，放入姜片、蒜瓣、干树椒、泰椒、花椒煸炒出香辣味。

3 烧　制 加入蚝油、老抽、海鲜酱油、料酒、白糖、鸡精和清水，用旺火烧几分钟，放入青椒块和馒头条炒匀，用水淀粉勾芡，淋入香油，出锅装盘即可。

孜然鸡心

▸原料 · 调料

鸡心……………………………400克
香菜……………………………50克
蒜瓣……………………………25克
干红辣椒………………………5克
孜然……………………………1小匙
精盐、白糖………………各少许
辣椒粉…………………………2小匙
酱油、料酒………………各1大匙
香油、植物油……………各适量

▸制作步骤

1初加工 鸡心去掉白色油脂，切成片，表面剞上花刀，洗净，沥水；香菜取嫩梗，切成小段。

2冲 炸 净锅置火上，加入植物油烧至六成热，放入鸡心片冲炸一下，捞出、沥油。

3炒 制 原锅留底油烧热，下入蒜瓣煸炒出香辣味，加入辣椒粉、孜然炒香，放入干红辣椒、鸡心，加入精盐、白糖、酱油、料酒和香油炒至入味，撒上香菜梗段炒匀，出锅装盘即成。

可乐鸡翅

原料 · 调料

鸡翅……………………………700克
可乐……………………………………1听
大葱……………………………………25克
姜块……………………………………15克
精盐……………………………1/2小匙
植物油…………………………………2大匙

制作步骤

1 初加工 鸡翅取鸡翅中，去掉表面绒毛，用清水漂洗干净，表面剞上斜刀；大葱去根和老叶，洗净，切成段；姜块去皮，切成大片。

2 煸 炒 净锅置火上，加入植物油烧至六成热，放入鸡翅中煸炒至变色，再下入葱段、姜片炒出香味。

3 烧 焖 滗出锅内多余油脂，倒入可乐，加上精盐烧沸，用小火慢慢烧焖至鸡翅中熟嫩，捞出鸡翅中，码放在盘内，淋上锅内汤汁即成。

杭州酱鸭腿

▸原料 · 调料

鸭腿750克。

桂皮、小茴香各5克，葱白15克，姜块10克，精盐1小匙，味精1/2小匙，白糖1大匙，酱油适量，料酒2小匙。

▸制作步骤

1腌　渍 葱白用清水洗净，切成小段；姜块去皮，洗净，切成小片；鸭腿洗涤整理干净，撒上少许精盐揉搓均匀，腌渍6小时。

2浸　泡 锅中加入清水和酱油烧沸，放入桂皮、小茴香、白糖、鸭腿煮5分钟，关火后浸泡约6小时，取出鸭腿，放在通风处风干6小时。

3蒸　制 把鸭腿加入料酒、白糖、精盐、味精、葱白段和姜片调匀，放入蒸锅内，用旺火蒸约30分钟，取出，剁成块，码盘上桌即可。

酸梅冬瓜鸭

▶原料 · 调料

鸭腿……………………………200克
冬瓜……………………………100克
榨菜、酸梅………………各30克
荷叶…………………………………1张
葱段、姜块………………各20克
味精、胡椒粉…………各1/2小匙
白糖、精盐………………各1小匙
酱油、蚝油………………各2小匙
香油、植物油……………各适量

▶制作步骤

1初加工 榨菜洗净，切成丝；酸梅去核；荷叶洗净，铺在盘底；冬瓜去皮，切成厚片，加入少许精盐腌渍一下，码放在荷叶盘中。

2腌　渍 鸭腿洗净，剔去筋膜及骨头，切成小块，放入碗中，加入葱段、姜块、精盐、白糖、酱油、味精、蚝油和胡椒粉拌匀，腌渍20分钟。

3蒸　制 鸭腿块碗内再放入酸梅、榨菜丝和香油抓拌均匀，放入盛有冬瓜的盘中，入笼蒸20分钟，取出，装碗，淋入烧热的植物油即成。

麻婆豆腐鱼

原料·调料

豆腐250克，净草鱼肉150克，猪肉末75克，鸡蛋1个。

香葱花、姜末、蒜片各10克，豆瓣酱1大匙，精盐、胡椒粉各1小匙，淀粉4小匙，老抽2小匙，水淀粉、花椒油、香油、植物油各适量。

制作步骤

1 初加工 豆腐切成丁，放入清水锅内，加入少许精盐焯烫一下，捞出、沥水；草鱼肉切成丁，加入精盐、香油、胡椒粉、鸡蛋、淀粉抓匀。

2 煸　炒 净锅置火上，加入植物油烧热，下入猪肉末煸炒至变色，放入豆瓣酱炒至上色，放入姜末、蒜片、老抽和适量清水烧沸。

3 烧　制 放入豆腐丁和鱼肉丁，用中小火烧焖至熟香，用水淀粉勾芡，淋上花椒油，撒上香葱花，出锅装盘即可。

家常豆腐

原料 · 调料

北豆腐……………………500克
猪五花肉…………………100克
冬笋、青椒块、红椒块…各50克
水发木耳……………………25克
葱段、姜片、蒜片………各10克
精盐、白糖、味精………各1小匙
水淀粉………………………2大匙
豆瓣酱、酱油……………各1大匙
番茄酱、料酒……………各2小匙
植物油………………………3大匙

制作步骤

1 初加工 北豆腐片成大厚片，放入热油锅中煎至两面呈黄色，出锅、凉凉，切成三角形块；猪五花肉切成薄片；冬笋洗净，切成片。

2 炝 锅 锅置火上，加入植物油烧至八成热，放入豆瓣酱略炒，下入葱段、姜片、蒜片炒香。

3 烧 制 放入五花肉片炒匀，加入精盐、番茄酱、酱油、料酒、味精、白糖及少许清水烧沸，加上冬笋片、水发木耳和豆腐块烧3分钟，放入青椒块红椒块炒匀，用水淀粉勾芡即成。

家常焖冻豆腐

原料 · 调料

冻豆腐……………………300克
虾仁…………………………75克
青椒、红椒………………各50克
胡萝卜、水发木耳………各15克
葱花、姜片、蒜片………各10克
精盐、花椒粉……………各1小匙
鸡精、白糖………………各少许
海鲜酱油…………………2大匙
老抽、水淀粉……………各1大匙
香油、植物油……………各适量

制作步骤

1 初加工 冻豆腐解冻，切成小块，放入沸水锅内煮2分钟，捞出；青椒、红椒去蒂、去籽，切成块；胡萝卜去皮，切成片；虾仁去掉虾线。

2 炝 锅 锅中加入植物油烧至五成热，放入葱花、姜片、蒜片炝锅，放入胡萝卜片、青椒块、红椒块翻炒均匀，加入花椒粉和海鲜酱油。

3 烧 焖 放入水发木耳、虾仁、冻豆腐块、清水、精盐、鸡精、白糖和老抽，用小火烧焖至入味，用水淀粉勾芡，淋上香油即可。

虾干时蔬腐竹煲

原料·调料

水发腐竹200克，鲜蘑、香菇各75克，海米（虾干）15克，小油菜适量。

葱段、姜片各5克，精盐、味精、白糖各1小匙，蚝油、水淀粉、料酒、老抽、植物油各适量。

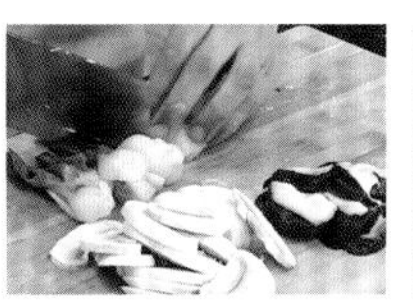

制作步骤

1 初加工 鲜蘑、香菇分别去蒂，均切成片；海米用热水泡软；水发腐竹切成小段；小油菜洗净，竖切成两半；碗中加入精盐、老抽、料酒、蚝油、白糖、味精、泡海米的水调匀成味汁。

2 炒 制 锅置火上，加入植物油烧热，下入葱段、姜片炒出香味，放入海米浸炸出香味，放入蘑菇片、香菇片、水发腐竹段炒匀。

3 烧 焖 烹入味汁，转小火烧焖3分钟，放入小油菜炒至熟，用水淀粉勾芡，出锅上桌即可。

腐乳烧素什锦

▶原料·调料

水发腐竹200克，莲藕100克，冬笋50克，水发木耳30克，青椒、红椒各20克，熟芝麻少许。

葱末、姜末各10克，红腐乳1小块，精盐、味精各1小匙，白糖、料酒各1大匙，水淀粉、香油、植物油各适量。

▶制作步骤

1 初加工 莲藕去皮，切成小片；冬笋洗净，切成小块；水发木耳撕成小块；青椒、红椒分别去蒂及籽，均切成小块；水发腐竹切成小段。

2 汤　汁 净锅置火上，加上植物油烧热，下入葱末、姜末炝锅出香味，放入红腐乳，加入精盐、白糖、料酒、味精和少许清水烧沸成汤汁。

3 烧　制 汤汁锅内放入莲藕片、冬笋块、腐竹段、青椒块、红椒块、水发木耳烧2分钟，用水淀粉勾芡，淋入香油，撒上熟芝麻即可。

湖州千张包

原料 · 调料

豆腐皮200克，猪肉末100克，榨菜50克，韭菜段、水发海米、水发木耳各15克，鸡蛋黄1个。

葱末、姜末各10克，精盐1小匙，味精少许，淀粉、水淀粉、料酒、香油、植物油各适量。

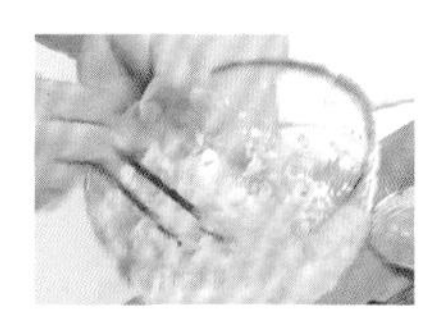

制作步骤

1馅　料 榨菜洗净，切成细末；猪肉末放入碗中，先加入香油、精盐、料酒，再放入鸡蛋黄、姜末、榨菜末和水发海米（切碎）搅匀成馅料。

2煎　制 豆腐皮切成大片，撒上淀粉，涂抹上馅料，包好成千张包生坯，放入烧热的油锅内煎约3分钟，取出。

3烧　焖 锅置火上，加入植物油烧热，放入葱末、姜末炒香，加上料酒、精盐、味精及少许清水烧沸，放入水发木耳和千张包，小火烧焖3分钟，撒上韭菜段、用水淀粉勾芡，出锅装盘即成。

麻辣鳕鱼

▸原料 · 调料

鳕鱼500克。

葱花、姜片各15克，蒜瓣、花椒各10克，树椒段少许，精盐1小匙，料酒、豆瓣酱各1大匙，米醋、胡椒粉、老抽、白糖、淀粉、水淀粉、植物油各适量。

▸制作步骤

1冲　炸 鳕鱼去除黑膜，洗净，切成小块，加入精盐、料酒、胡椒粉、淀粉拌匀，放入烧至六成热的油锅内冲炸一下，捞出、沥油。

2炝　锅 锅中留少许底油，复置火上烧热，加入豆瓣酱、树椒段、花椒、葱花、姜片、蒜瓣炒出麻辣味。

3炒　制 加入清水烧沸，倒入鳕鱼块，加入料酒、米醋、老抽、白糖和精盐，用旺火翻炒均匀，用水淀粉勾芡，出锅装盘即可。

酸辣酱爆大虾

原料 · 调料

大虾……………………………400克
美人椒……………………………30克
杭椒、洋葱丁……………各25克
葱花、姜片、蒜片………各15克
蒜蓉辣酱、番茄酱………各1大匙
红咖喱酱、海鲜酱油……各2小匙
料酒、蚝油………………各4小匙
白糖、鸡精、香油………各少许
淀粉、植物油……………各适量

制作步骤

1 炸 制 美人椒、杭椒分别去蒂、去籽，切成小段；大虾去除虾枪、虾须和虾线，加入淀粉抓匀，放入烧热的油锅内炸至酥脆，捞出、沥油。

2 调 味 锅中留少许底油，复置火上烧热，下入葱花、姜片、蒜片、洋葱丁炝锅出香味，加入蒜蓉辣酱、番茄酱、红咖喱酱、料酒、蚝油、白糖、鸡精、海鲜酱油烧沸。

3 翻 炒 倒入大虾、杭椒段和美人椒段，用旺火翻炒均匀，淋上香油，出锅装盘即可。

江南盆盆虾

▸原料 · 调料

鲜河虾300克，香菜25克，熟芝麻少许。

小葱15克，味精少许，胡椒粉1小匙，酱油2大匙，蚝油2小匙，料酒1大匙，植物油适量。

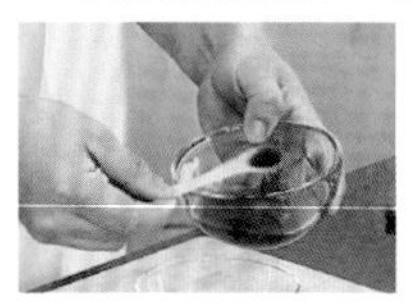
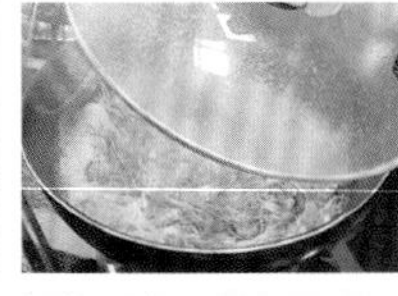

▸制作步骤

1味 汁 鲜河虾放入淡盐水中浸洗干净，捞出、沥干；小葱、香菜分别择洗干净，切成细末；小盆内加入胡椒粉、料酒、酱油、味精、蚝油及适量清水调拌均匀成味汁。

2炸 制 净锅置火上，加入植物油烧至八成热，放入河虾炸至酥脆，捞出、沥油。

3出 锅 把炸好的河虾加上小葱末、香菜末搅拌均匀，倒入盛有味汁的小盆中，撒上熟芝麻拌匀，装盘上桌即成。

观音虾仁

▸原料 · 调料

虾仁…………………………400克
铁观音茶……………………15克
鸡 蛋 ………………………… 1 个
葱段、姜片、蒜片………各10克
精盐…………………………1小匙
鸡精、胡椒粉……………各少许
椒盐…………………………2小匙
淀粉…………………………1大匙
植物油………………………适量

▸制作步骤

1 初加工 铁观音茶加入沸水泡成茶水；虾仁去掉虾线，加入泡好的茶叶水抓匀，滗出茶水，加入精盐、鸡精、胡椒粉、鸡蛋和淀粉拌匀。

2 冲 炸 净锅置火上，加入植物油烧热，用厨房用纸吸干茶叶水分，下入油锅内冲炸一下，捞出；油锅内放入虾仁冲炸一下，捞出、沥油。

3 炒 制 锅中留底油烧热，加入葱段、姜片、蒜片炝锅出香味，放入虾仁，撒入椒盐，加入炸好的茶叶翻炒均匀，出锅上桌即可。

金丝虾球

▸原料·调料

虾仁……………………300克
土豆……………………100克
清水荸荠………………25克
鸡蛋……………………1个
沙拉酱…………………2大匙
味精、精盐……………1小匙
胡椒粉、料酒…………各少许
植物油…………………适量

▸制作步骤

1 初加工 清水荸荠拍成碎末；虾仁去掉虾线，剁成虾泥，加上鸡蛋、荸荠末、精盐、胡椒粉、料酒、味精搅匀成馅料；土豆去皮，擦成细丝。

2 炸 制 净锅置火上，放入植物油烧热，把馅料捏成丸子，放入油锅内炸至金黄色，捞出；油锅内再放入土豆丝炸至金黄、酥脆，捞出。

3 装 盘 把炸好的虾球用沙拉酱拌好，放入炸好的土豆丝中攥成球状，装盘上桌即可。

熘虾段

原料·调料

大虾300克，洋葱50克，彩椒25克，鸡蛋1个。

姜片、蒜片各15克，精盐2小匙，白糖、淀粉各1大匙，胡椒粉1/2小匙，香油、水淀粉各少许，植物油适量。

制作步骤

1 初加工 大虾剥去虾壳，去掉虾线，加入白糖、精盐、胡椒粉、香油、鸡蛋、淀粉拌匀；彩椒、洋葱分别洗净，切成小块。

2 炸 制 锅中加入植物油烧至五成热，下入大虾冲炸一下，捞出；待锅内油温升至七成热时，再放入大虾复炸一次，捞出、沥油。

3 炒 制 锅中留底油烧热，下入姜片、蒜片、彩椒块、洋葱块炒香，加入精盐、白糖和少许清水烧沸，用水淀粉勾芡，倒入炸好的大虾翻炒均匀，出锅装盘即可。

香炸鱿鱼圈

▸原料 · 调料

鲜鱿鱼……………………200克
面包糠……………………125克
鸡蛋 …………………………2个
精盐…………………………1小匙
鸡精…………………………1/2小匙
料酒…………………………1大匙
淀粉…………………………2大匙
植物油……………………适量

▸制作步骤

1腌　渍 鲜鱿鱼撕去表皮，去掉内脏和杂质，洗净，切成鱿鱼圈，加入精盐、鸡精、料酒腌渍5分钟；鸡蛋磕在碗内，打散成鸡蛋液。

2生　坯 将切好的鱿鱼圈先蘸上淀粉，裹匀鸡蛋液，最后裹上面包糠成鱿鱼圈生坯。

3炸　制 净锅置火上，加入植物油烧至六成热，下入鱿鱼圈生坯炸至色泽金黄，捞出、沥油，装盘上桌即可。

香辣鱿鱼

▶原料·调料

鱿鱼300克，青椒、红椒各20克。

葱段15克，姜片10克，干树椒5克，蒜蓉辣酱、蚝油各1大匙，泰式甜辣酱2大匙，鸡精、白糖、水淀粉、植物油各适量。

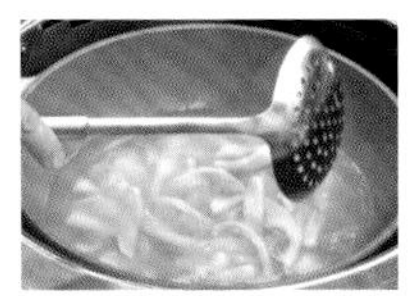

▶制作步骤

1 初加工 红椒、青椒去蒂及籽，切成长条；干树椒切成小段；鱿鱼洗涤整理干净，切成小条，放入沸水锅内焯烫一下，捞出、冲凉，沥水，再放入油锅内冲炸一下，捞出、沥油。

2 调　味 锅中留底油烧热，放入葱段、姜片和干树椒段炒出香味，加入蒜蓉辣酱、蚝油、泰式甜辣酱、鸡精、白糖炒匀。

3 炒　制 放入鱿鱼条、青椒条、红椒条翻炒至入味，用水淀粉勾芡，出锅装盘即成。

Part 03 滋补汤羹

蚕豆奶油南瓜羹

▸原料 · 调料

南瓜……………………………200克
鲜蚕豆…………………………150克
牛奶……………………………250克
面粉、枸杞子……………各少许
冰糖………………………………45克
黄油……………………………1大匙

▸制作步骤

1蒸　制 南瓜去皮、去瓤，洗净，切成小块，放入蒸锅内蒸8分钟，取出。

2蚕豆汁 鲜蚕豆去皮，放入清水锅中煮约5分钟至熟，关火后加入牛奶调匀成奶汁，滗出一部分奶汁，剩余奶汁和蚕豆放入粉碎机中，加入冰糖粉碎成浆，再倒入奶汁中拌匀成蚕豆汁。

3烧　煮 锅内加上黄油和面粉炒香，倒入蚕豆汁，用旺火不停搅动，烧沸后倒入大碗中，放入蒸好的南瓜块，撒上枸杞子即成。

百年好合羹

原料 · 调料

胡萝卜……………………300克
莲子…………………………50克
百合…………………………30克
冰糖…………………………适量

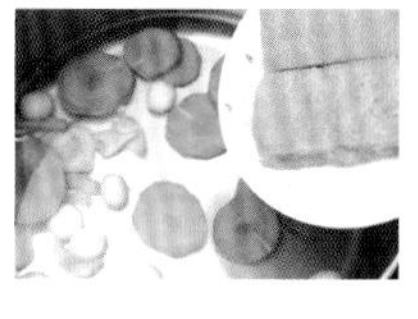

制作步骤

1清　洗 胡萝卜去根，削去外皮，用清水洗净，切成大片；莲子、百合分别用温水浸泡至涨发，再换清水洗净，沥水。

2炒　制 净锅置火上，加入适量清水烧沸，放入泡好的莲子、百合、胡萝卜片煮20分钟。

3下　锅 加入冰糖煮至完全溶化、汤汁黏稠时，离火，倒入大碗中即可。

鸡汁芋头烩豌豆

原料·调料

芋头300克，豌豆粒100克，鸡胸肉50克，鸡蛋1个。

葱段、姜片各10克，精盐、胡椒粉各1小匙，料酒2小匙，水淀粉1大匙，植物油2大匙。

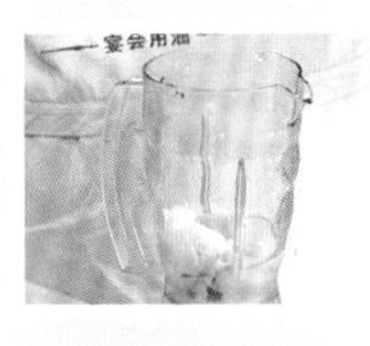

制作步骤

1 初加工 豌豆粒洗净，沥水；芋头洗净，放入锅中蒸至熟，取出、去皮，切成滚刀块。

2 鸡　汁 鸡胸肉洗净，切成小块，放入粉碎机中，磕入鸡蛋，加入葱段、姜片、料酒、少许胡椒粉和适量清水搅打成鸡汁。

3 烧　烩 锅置火上，加入植物油烧热，倒入鸡汁搅炒均匀，放入芋头块，加入精盐炖煮5分钟，放入豌豆粒烧烩至断生，用水淀粉勾芡，加入胡椒粉推匀，出锅上桌即可。

大虾炖白菜

原料·调料

白菜……400克
大虾……150克
香葱花……30克
葱段、葱花、姜片……各5克
精盐、胡椒粉……各1/2小匙
香油……1小匙
植物油……2大匙
料酒、高汤……各适量

制作步骤

1 初加工 大虾去掉虾线，剪去虾枪、虾须，洗净；白菜留菜心，洗净，切成小块，放入热油锅内，加上葱花煸炒至软，盛出。

2 煎 烹 净锅置火上，加入植物油烧热，下入葱段、姜片炝锅，放入大虾略煎，用手勺压出虾脑，烹入料酒，加入精盐高汤和白菜块烧沸。

3 炖 煮 转小火炖至菜烂、虾熟，撒入胡椒粉、香葱花，淋入香油，盛入汤碗中即可。

棒骨炖酸菜

▶原料 · 调料

酸菜丝……………………150克
棒骨………………………1根
洋葱………………………50克
葱花………………………少许
精盐………………………1小匙
郫县豆瓣酱………………1大匙
植物油……………………2大匙

▶制作步骤

1 初加工 棒骨刷洗干净，从中间斩断成大块，放入沸水锅内焯烫一下，捞出，换清水洗净，放在大汤碗内；洋葱剥去外皮，洗净，切成丝。

2 炒　香 净锅置火上，加入植物油烧至六成热，放入郫县豆瓣酱、洋葱丝炒出香辣味，加入酸菜丝和适量清水煮沸。

3 隔水炖 离火，倒入盛有棒骨的汤碗内，再把汤碗放入蒸锅内，隔水炖1小时至熟香，加入精盐调好口味，撒上葱花出锅上桌即成。

茄子文蛤汤

原料 · 调料

茄子150克，文蛤100克。

姜丝10克，干红辣椒3克，精盐、味精各1小匙，白糖少许，料酒、香油各1/2小匙，植物油4小匙，清汤适量。

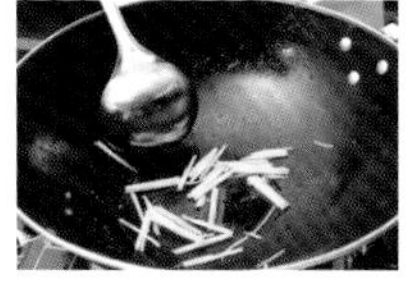

制作步骤

1 初加工 茄子去蒂、去皮，洗净，切成大块；文蛤放入淡盐水中浸泡并刷洗干净，捞出。

2 炝 锅 净锅置火上，加入植物油烧至六成热，下入姜丝炒出香味，放入文蛤，烹入料酒翻炒片刻。

3 煮 制 加入清汤和茄子块煮8分钟，加上精盐、味精、白糖、干红辣椒煮3分钟，淋入香油，出锅倒入汤碗中即成。

酱香土豆粉

原料·调料

小白菜、土豆粉………各150克
土豆、海带………………各75克
平菇、香菇………………各50克
水发木耳、韭黄…………各25克
枸杞子……………………10克
葱花、姜末………………各5克
郫县豆瓣酱、黄豆酱……各1大匙
浓汤宝……………………1小块
白糖、胡椒粉、香油……各少许
植物油……………………适量

制作步骤

1 初加工 平菇去掉菌蒂，撕成小条；香菇洗净，切成小片；小白菜、韭黄洗净，切成小段；土豆去皮，洗净，切成大片；海带切成小块。

2 煮 沸 锅内加入植物油烧热，下入郫县豆瓣酱、黄豆酱炒出香辣味，加入清水、水发木耳、海带块、土豆片、香菇片和平菇条煮沸。

3 调 味 加入枸杞子、浓汤宝、白糖和胡椒粉调匀，沸后放入葱花、姜末煮几分钟，出锅倒在烧热的石锅内，放入土豆粉，加入小白菜段和韭黄段，淋入香油即成。

土豆萝卜汤

原料・调料

土豆300克，白菜200克，猪肉、胡萝卜各100克，香芹50克，洋葱25克。

精盐2小匙，胡椒粉1小匙，味精少许，清汤适量。

制作步骤

1 初加工 土豆去皮、洗净，切成块，放入清水盆中浸泡；猪肉洗净，切成大片。

2 切 制 白菜去根、去老叶，洗净，切成大块；胡萝卜去皮、洗净，切成小条；香芹择洗干净，切成段；洋葱洗净，切成小块。

3 煮 制 锅置火上，加入清汤、洋葱块、猪肉片烧沸，撇去浮沫，放入白菜块、土豆块、胡萝卜条、香芹段煮至熟，加入精盐、味精、胡椒粉调好口味，出锅装碗即成。

榨菜狮子头

原料 · 调料

猪肉末400克，榨菜丝100克，荸荠50克，油菜心30克，香菇块、枸杞子各少许，鸡蛋1个。

葱末、姜末各15克，精盐2小匙，味精、胡椒粉各1小匙，料酒、香油各1大匙，植物油少许。

制作步骤

1 初加工 油菜心洗净，切成小段；荸荠去皮，用刀拍碎；猪肉末加入鸡蛋、精盐、味精、料酒、香油、胡椒粉，放入葱末、姜末、荸荠碎、榨菜丝搅至上劲，团成大丸子形状。

2 炝　锅 锅中加入植物油烧热，放入葱末、姜末炒香，加入适量清水烧沸。

3 煮　制 放入团好的丸子生坯，盖上锅盖，转小火炖煮2小时至丸子熟透，放入油菜心、香菇块、枸杞子稍煮，出锅装碗即成。

肉羹太阳蛋

原料·调料

猪肉末……………………250克
荸荠碎……………………150克
鸡蛋…………………………3个
小番茄、油菜心、豌豆…各25克
香菜段、小葱、姜块……各15克
精盐…………………………2小匙
生抽、蚝油………………各1小匙
料酒…………………………1大匙
味精、胡椒粉…………… 各少许
水淀粉、香油……………各适量

制作步骤

1肉　蓉 猪肉末放入搅拌器内，加入料酒、精盐、香油、胡椒粉、鸡蛋（1个）、清水、小葱、姜块，用中速搅打成猪肉蓉，取出。

2生　坯 猪肉蓉加上荸荠碎搅拌均匀，再加上鸡蛋（2个）拌匀，放在深盘内，摆上洗净的小番茄加以点缀成肉羹太阳蛋生坯。

3蒸　制 把肉羹太阳蛋放入蒸锅内蒸8分钟至熟，取出；把蒸肉的原汁滗入锅中，加入蚝油、胡椒粉、生抽、精盐、味精、油菜心、豌豆、香菜段烧沸，用水淀粉勾芡，出锅浇在肉羹上即可。

丝瓜绿豆猪肝汤

▸原料 · 调料

鲜猪肝200克，丝瓜100克，绿豆、胡萝卜、红椒各少许，鸡蛋清1个。

葱末、姜末、蒜末各5克，精盐、味精、胡椒粉、淀粉、料酒、香油、植物油各少许。

▸制作步骤

1 上　浆 鲜猪肝剔去筋膜，洗净，切成小片，加入淀粉、料酒、胡椒粉、鸡蛋清搅匀、上浆。

2 初加工 绿豆放入碗中，加入清水，上屉蒸10分钟；丝瓜去蒂、去皮，切成菱形片；胡萝卜洗净，切成菱形片；红椒择洗干净，切成丝。

3 煮　制 锅内加上植物油烧热，下入葱末、姜末、蒜末炒香，放入丝瓜片、胡萝卜片煸炒，放入绿豆和热水烧沸，加上猪肝片煮至熟，加入精盐、味精调味，淋入香油，撒上香菜丝即可。

桃仁炖猪腰

▸原料 · 调料

猪 腰 ……………………… 2 个
核桃仁………………………50克
枸杞子………………………15克
姜片、葱结………………各10克
精盐、鸡精、胡椒粉……各1小匙
味精…………………………2小匙
料酒…………………………1大匙
熟猪油………………………少许
鲜汤………………………1000克

▸制作步骤

1 初加工 猪腰撕去表层薄膜，纵向剖开，剔净腰臊，切成厚片，放入沸水锅中焯烫一下，捞出、洗净；核桃仁放入沸水中焯透，捞出。

2 炒 制 锅置火上，加入熟猪油烧热，下入姜片、葱结略炸，放入猪腰片烧炒，烹入料酒，加入鲜汤和核桃仁烧沸。

3 炖 煮 加入精盐和胡椒粉，转小火炖约20分钟，加入鸡精、味精调好口味，撒入枸杞子略煮，盛入碗中即成。

酸汤肥牛

▸原料 · 调料

肥牛片……………………150克
金针菇……………………100克
胡萝卜丝、香菜段…………25克
葱丝、蒜片………………各10克
干树椒段、泡辣椒…………各5克
精盐、鸡精………………各1小匙
番茄酱、白醋……………各1大匙
胡椒粉……………………少许
香油、植物油……………各适量

▸制作步骤

1 初加工 金针菇去根，择洗干净，撕成小朵，依次用肥牛片卷好，串上牙签，放入沸水锅内略焯，捞出、过凉，去掉牙签成肥牛卷。

2 煮　沸 锅内加上植物油烧热，下入泡辣椒、番茄酱、干树椒段、蒜片、葱丝、香菜段炒香，加入白醋、鸡精、精盐、胡椒粉和清水煮沸。

3 出　锅 下入肥牛卷煮2分钟，取出肥牛卷，放在汤碗内；原锅中汤汁烧沸，加上胡萝卜丝，淋入香油，浇入肥牛卷碗中即成。

牛骨黄豆汤

原料 · 调料

牛脊骨……………………300克
水发黄豆…………………150克
枸杞子……………………10克
大葱、姜块………………各15克
料酒………………………2大匙
精盐………………………1小匙
胡椒粉……………………少许

制作步骤

1 初加工 牛脊骨洗净血污，剁成大块，放入清水锅内焯烫几分钟，捞出，换清水冲净；大葱去根和老叶，洗净，拍散；姜块洗净，切成大片。

2 高压锅 大葱、姜片放入高压锅内，加入清水、料酒、水发黄豆和牛脊骨，盖上高压锅盖。

3 调　味 高压锅置火上，用中火压制40分钟至熟香，离火，放气、降温，撒上枸杞子，加入精盐、胡椒粉调好汤汁口味，出锅上桌即可。

羊肉香菜丸子

原料·调料

羊肉末……………………150克
豆泡 ………………………100克
胡萝卜、净白菜心………各70克
香菇、香菜………………各少许
鸡蛋…………………………1个
葱末、姜末………………各10克
葱段、姜片…………………各5克
精盐、胡椒粉……………各1小匙
料酒、淀粉………………各2小匙
香油、植物油……………各适量

制作步骤

1初加工 胡萝卜洗净，切成末；香菇去蒂，洗净，切成小粒；香菜择洗干净，切成末。

2羊肉丸 羊肉末加上胡萝卜末、香菜末、香菇粒、鸡蛋、葱末、姜末、料酒、胡椒粉、精盐、香油、淀粉搅拌至上劲成馅料，团成羊肉丸子。

3煮　制 锅置火上，加入植物油烧热，下入葱段、姜片炒香，倒入清水烧沸，放入羊肉丸子和豆泡煮5分钟，加入胡椒粉、精盐调好口味，放入净白菜心稍煮，出锅装碗即成。

羊杂汤

原料 · 调料

羊心、羊肺、熟羊肚各100克，羊舌、羊腰子、羊肝各75克。

干红辣椒段、葱末、姜末各5克，精盐、味精、胡椒粉、花椒水、酱油各2小匙，羊肉汤1500克。

制作步骤

1 初加工 将熟羊肚去掉黑膜，切成薄片；羊腰子、羊心、羊肺、羊肝、羊舌分别洗涤整理干净，均切成薄片。

2 煮　制 净锅置火上，加入羊肉汤烧沸，放入羊腰片、羊心片、羊肺片、羊肝片、羊舌片略煮，再放入羊肚片烧沸。

3 调　味 撇去浮沫，加入干红辣椒段、葱末、姜末、酱油、精盐、花椒水煮至熟嫩，盛入大碗中，撒上胡椒粉、味精、香菜末即可。

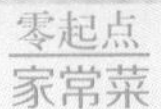

奶油鲜蔬鸡块

▸原料 · 调料

鸡腿肉250克，彩椒50克，甜玉米粒、核桃仁各15克，鸡蛋1个。

精盐1小匙，味精少许，白糖2小匙，黄油1大匙，牛奶250克，面粉少许，植物油适量。

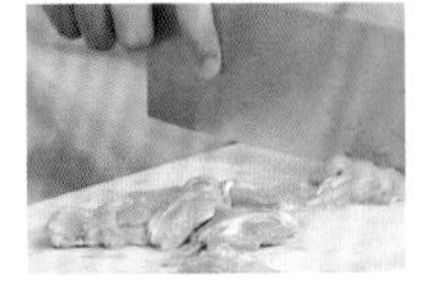

▸制作步骤

1 初加工 彩椒去蒂、去籽，切成块；甜玉米粒洗净，沥水；鸡腿肉去掉筋膜，切成块，加入少许精盐、鸡蛋、面粉、植物油调匀，放入烧热的油锅内炸至熟透，捞出，放在汤碗内。

2 煮　制 净锅置火上烧热，加入黄油和少许面粉炒出香味，倒入牛奶煮至沸。

3 调　味 加入精盐、白糖、味精、甜玉米粒和彩椒块煮至浓稠，离火、出锅，倒在盛有鸡块的汤碗内，撒上核桃仁，直接上桌即可。

鸡火煮干丝

▸原料 · 调料

鸡腿……………………………1个
净油菜、净虾仁…………各75克
豆腐干…………………………50克
火腿丝…………………………25克
冬笋丝…………………………10克
干红椒…………………………少许
葱段、姜块………………各5克
精盐……………………………2小匙
料酒……………………………1大匙

▸制作步骤

1 鸡 汤 鸡腿剁成大块，放入压力锅内，加入葱段、姜块及适量清水煮约15分钟，捞出鸡块，放在汤碗内；豆腐干切成细丝；共红椒切成段。

2 焯 烫 将熬煮好的鸡汤放入锅内烧沸，撇去浮油和杂质，放入料酒、精盐、豆腐干丝煮约2分钟，捞出干丝，盛放在鸡块上。

3 出 锅 原锅内放入净虾仁、冬笋丝、干红辣椒段、净油菜稍煮，捞出，放在鸡块干丝上，撒上熟火腿丝，倒入锅内汤汁即可。

红枣花生煲凤爪

原料·调料

凤爪（鸡爪）250克，净菜心75克，红枣50克，花生米30克，陈皮1小块。

精盐2小匙。

制作步骤

1 清 洗 凤爪剥去黄皮，剁去爪尖，用清水漂洗干净，放入沸水锅内焯烫一下，捞出；红枣用清水浸泡，捞出，去掉果核，取净红枣果肉。

2 煮 制 砂锅置火上，倒入适量清水，放入红枣肉、花生米和陈皮块煮至沸。

3 出 锅 加入凤爪，用中小火煮至熟嫩，放上油菜心稍煮，加入精盐调好口味，离火上桌即成。

白果腐竹炖乌鸡

原料 · 调料

净乌鸡…………1只（约700克）
水发腐竹……………………200克
白果…………………………150克
葱段、姜片…………………各10克
枸杞子…………………………5克
精盐…………………………1小匙
味精、料酒………………各4小匙
鸡精、胡椒粉……………各少许

制作步骤

1 初加工 净乌鸡剁成块，放入清水锅中煮8分钟，捞出、洗净；白果去壳、去膜，洗净；水发腐竹挤净水分，切成小段。

2 调　味 锅置火上，加入清水、乌鸡块、白果和腐竹段烧沸，加入葱段、姜片、精盐、枸杞子、料酒、味精、鸡精和胡椒粉，离火，倒入汤盆内。

3 隔水炖 汤盆用双层牛皮纸封口，上笼用中火炖2小时至乌鸡块软烂，取出，直接上桌即可。

五花肉炖豆腐

原料 · 调料

豆腐……………………250克
五花肉…………………100克
小白菜……………………50克
葱花、姜片……………各10克
精盐、鸡精……………各少许
胡椒粉…………………1小匙
料酒……………………1大匙
植物油…………………4小匙

制作步骤

1 初加工 豆腐切成大块；五花肉去掉筋膜，切成大片；小白菜去根和老叶，洗净，切成小段。

2 炒　制 净锅置火上，加入植物油烧热，下入五花肉片、葱花、姜片炒香，烹入料酒，放入豆腐块略炒。

3 炖　煮 加入鸡精、精盐、胡椒粉及适量清水，用小火炖煮几分钟，下入小白菜段煮至熟，出锅装碗即成。

五彩豆腐羹

原料 · 调料

内酯豆腐200克，鲜虾100克，胡萝卜丁75克，香菇丁50克，青豆15克，鸡蛋1个。

葱花、姜末各15克，蒜末10克，精盐2小匙，胡椒粉1小匙，香油、水淀粉、植物油各适量。

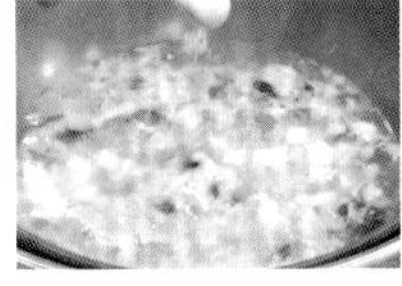

制作步骤

1 焯 烫 内酯豆腐切成小丁；鲜虾剥去虾壳，去除虾线，切成丁；把青豆、胡萝卜丁、香菇丁、虾仁丁放入沸水锅内焯烫一下，捞出。

2 煮 制 净锅置火上，加入植物油烧至六成热，下入、姜末、蒜末爆香，倒入适量清水，放入青豆、胡萝卜丁、香菇丁和虾仁丁调匀。

3 调 味 放入豆腐丁，加入精盐、胡椒粉，用水淀粉勾芡，慢慢淋上打散的鸡蛋稍煮片刻，撒上葱花淋上香油，出锅装碗即可。

酸辣豆皮汤

▶原料·调料

豆腐皮……………………150克
菠菜………………………100克
水发木耳…………………25克
小米椒、葱花、姜片……各15克
精盐…………………………1小匙
鸡精……………………1/2小匙
胡椒粉………………………2小匙
米醋…………………………2大匙
植物油………………………1大匙

▶制作步骤

1 焯　烫 豆腐皮用温水浸泡至涨发，切成条；菠菜去根和老叶，洗净，切成段；把豆腐皮条、菠菜段放入沸水锅内焯烫一下，捞出、沥水。

2 炝　锅 锅置火上，加入植物油烧至六成热，下入葱花、姜片、小米椒煸炒出香辣味。

3 煮　制 加入适量清水、精盐、鸡精、胡椒粉、米醋，放入豆腐皮条、水发木耳、菠菜段煮至入味，撇去浮沫，出锅装碗即可。

双冬豆皮汤

▶原料・调料

豆腐皮150克，冬笋50克，冬胡萝卜、菇各25克。

葱花、姜末各10克，精盐、味精、香油各1/2小匙，酱油2小匙，植物油2大匙，鲜汤500克。

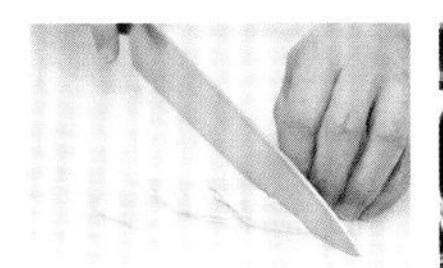

▶制作步骤

1 初加工 将豆腐皮上笼蒸软，取出，切成菱形片；冬菇用温水泡发，洗净，切成丝；胡萝卜、冬笋去皮、洗净，切成丝。

2 煮　制 锅中加入植物油烧热，先下入葱花、姜末炒香，添入鲜汤，放入冬菇丝、冬笋丝、胡萝卜丝、豆腐皮烧沸。

3 调　味 撇去浮沫，加入味精、精盐、酱油调好口味，淋入香油，出锅装碗即成。

宋嫂鱼羹

▸原料·调料

草鱼肉250克，鸡蛋2个，香菇、笋尖各25克，香葱丝15克，枸杞子5克。

葱花5克，姜丝10克，精盐2小匙，老抽1小匙，米醋1大匙，香油1/2小匙，胡椒粉、鸡精各少许，水淀粉、植物油各适量。

▸制作步骤

1 初加工 香菇、笋尖分别切成细丝；草鱼肉洗净，放入碗内，放入少许香葱丝、姜丝拌匀，放入蒸锅内蒸5分钟，取出，取净熟鱼肉；鸡蛋磕在碗里，打散成鸡蛋液。

2 煮 制 锅内加入植物油烧热，下入香葱丝、姜丝炝锅，放入香菇丝、笋丝略炒，滗入蒸鱼汤汁，加入适量清水净熟鱼肉枸杞子稍煮。

3 调 味 加入老抽、精盐和鸡精，用水淀粉勾芡，加入胡椒粉、米醋、香油，淋上鸡蛋液煮匀，出锅倒在汤碗内，撒上葱花即可。

鱼头丝瓜汤

▶原料 · 调料

鲢鱼头……………………………1个
丝瓜……………………………300克
枸杞子…………………………10克
葱段、姜片………………各15克
精盐、胡椒粉……………各2小匙
白糖……………………………少许
料酒…………………………2大匙
植物油………………………3大匙

▶制作步骤

1 初加工 丝瓜去皮及瓤，切成小条；鲢鱼头去掉鱼鳃，刮净鱼鳞，表面剞上十字花刀。

2 煎 制 净锅置火上，加入植物油烧至六成热，下入葱段、姜片炒香，放入鲢鱼头煎至上色，烹入料酒。

3 煮 制 加入精盐、白糖和适量清水烧沸，转中火煮至鱼头熟嫩，放入丝瓜条煮至丝瓜条熟，加入枸杞子、胡椒粉调匀即成。

羊汤酸菜番茄鱼

▸原料 · 调料

净草鱼1条，羊肉200克，酸菜100克，西红柿（番茄）75克。

泡椒末30克，葱段、姜片各15克，精盐少许，胡椒粉1小匙，料酒、植物油各1大匙。

▸制作步骤

1 初加工 锅中加入清水、羊肉、葱段和姜片烧沸，转小火炖至熟嫩成羊汤；西红柿去蒂，洗净，切成大块；净草鱼洗净，切成大块。

2 煸　炒 锅中加上植物油烧热，下入少许葱段和姜片炒香，放入酸菜和泡椒末煸炒均匀，下入西红柿块炒至软烂。

3 炖　煮 倒入熬煮好的羊汤烧沸，加入胡椒粉、精盐和料酒调味，倒入汤锅中，加上草鱼块，置小火上炖煮至入味，离火上桌即可。

砂锅鱼头煲

原料 · 调料

鱼头……………………………1个
菠菜……………………………125克
香菜……………………………25克
香葱花…………………………15克
姜片……………………………10克
精盐……………………………2小匙
料酒……………………………1大匙
牛奶……………………………5大匙
熟猪油、植物油…………各适量

制作步骤

1 初加工 菠菜洗净，切成小段；香菜洗净切成小段；鱼头去掉鱼鳃，刮净黑膜，洗净，放入烧热的油锅内煎至上色，取出。

2 煮　制 砂锅置火上，倒入清水煮至沸，放入鱼头、姜片稍煮，撇去表面浮沫，加入熟猪油和料酒煮匀。

3 调　味 加入牛奶，用中火煮至鱼头熟嫩，加上精盐调好口味，放入菠菜段稍煮，撒上香菜段、香葱花，离火上桌即可。

花蚬子炖香茄

原料 · 调料

花蚬子……………………250克
茄子………………………150克
五花肉片…………………75克
葱段、葱花………………各15克
姜片、蒜瓣………………各10克
精盐、鸡精………………各少许
老抽、白糖………………各1小匙
海鲜酱油…………………2小匙
水淀粉……………………2大匙
植物油……………………适量

制作步骤

1 初加工 净锅置火上，加入清水烧沸，下入花蚬子焯烫一下，捞出；茄子去蒂，切成小条，放入烧至六成热的油锅内冲炸一下，捞出、沥油。

2 煮 制 净锅置火上，加入少许植物油烧热，下入五花肉片煸炒至变色，下入葱段、姜片、蒜瓣稍炒，加入老抽、海鲜酱油和适量清水煮沸。

3 调 味 放入茄子条、精盐、鸡精和白糖，用小火炖煮8分钟，用水淀粉勾芡，下入花蚬子煮匀，撒上葱花即成。

海鲜什锦煲

原料 · 调料

肉蟹2只，水发鱼肚150克，水发蹄筋、水发海参各100克，白菜叶、粉丝各50克，水发干贝6粒，魔芋结、油菜心各少许。

葱结、姜片各25克，精盐1小匙，味精2小匙，胡椒粉4小匙，鸡精1大匙，香油少许，熟猪油2大匙。

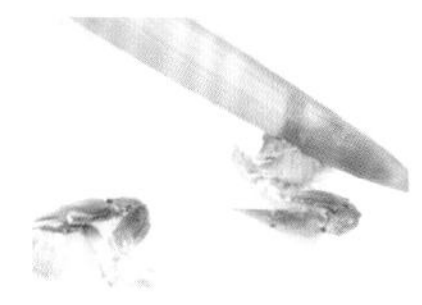

制作步骤

1 初加工 肉蟹刷洗干净，每只剁成四块；水发鱼肚、水发蹄筋、水发海参分别切成条，放入沸水锅内焯烫一下，捞出；白菜叶撕成块。

2 摆　制 砂锅中放入白菜叶和粉丝垫底，再依次摆入肉蟹块、水发鱼肚、水发蹄筋、水发海参、魔芋结、水发干贝和油菜心。

3 炖　煮 锅内加入熟猪油烧热，下入葱结、姜片炸香，加入清水、精盐、味精、鸡精、胡椒粉调味，倒入盛有食材的砂锅中，置旺火上烧沸，转中火炖约10分钟，淋入香油即可。

韭菜鸭红凤尾汤

原料 · 调料

文蛤……………………………200克
鸭血、北豆腐…………各150克
韭菜末…………………………50克
鸡蛋………………………………1个
姜丝……………………………10克
精盐、味精………………各1小匙
胡椒粉、白醋……………各少许
水淀粉………………………1大匙
香油、植物油……………各适量

制作步骤

1 初加工 鸭血、北豆腐均切成小条，放入沸水锅内焯透，捞出、沥水；文蛤放入淡盐水中浸泡2小时，捞出；鸡蛋磕在碗里，打散成鸡蛋液。

2 煮　制 锅中加入植物油烧至六成热，下入姜丝炝锅，加入精盐、味精及适量清水煮沸，用水淀粉勾芡，淋上鸡蛋液后搅匀。

3 调　味 放入文蛤、豆腐条、鸭血条、胡椒粉、白醋稍煮，撒上韭菜末，淋入香油即成。

大酱花蛤豆腐汤

▸原料 · 调料

花蛤300克，北豆腐200克，干发裙带菜25克。

香葱末10克，红辣椒5克，味精1/2小匙，韩式大酱3大匙。

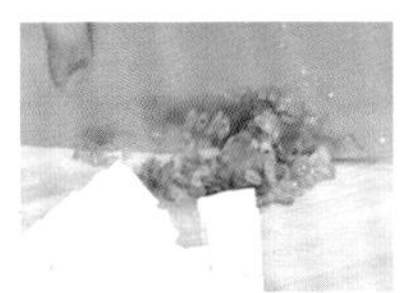
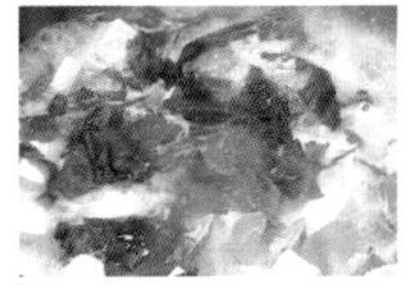

▸制作步骤

1 初加工 北豆腐切成小块；干裙带菜用清水泡开，洗净，切成段；花蛤放入清水盆中浸泡1小时，再换清水漂净泥沙，沥水。

2 炖　煮 锅中加入适量清水烧沸，放入红辣椒、韩式大酱搅匀，再放入豆腐块炖煮5分钟。

3 调　味 放入花蛤继续煮2分钟，加上裙带菜段稍煮片刻，加入味精调匀，出锅倒在大碗内，撒上香葱末即可。

Part 04 花样主食

小炖肉茄子卤面

原料·调料

面条500克，猪五花肉、茄子各250克。

葱段、姜块各10克，桂皮1小块，八角2粒，干辣椒3个，精盐、味精、白糖各少许，黄酱2大匙，花椒油1大匙，植物油适量。

制作步骤

1 初加工 猪五花肉洗净，切成2厘米大小的块；茄子去蒂，洗净，切成滚刀块，放入热油锅中煎炒至变色，取出。

2 炖　煮 锅中加入植物油烧热，放入五花肉块煸炒，下入葱段、姜块炒香，加入沸水、黄酱、桂皮、八角、干辣椒烧沸，转小火炖30分钟。

3 出　锅 放入茄子块炖5分钟，加入精盐、白糖、味精再炖几分钟，出锅成炖肉茄子卤；把面条放入清水锅内煮至熟，捞入面碗中，加入炖肉茄子卤，淋上花椒油拌匀即可。

翡翠凉面拌菜心

原料 · 调料

面粉……………………250克
净菠菜、白菜丝………各150克
胡萝卜丝…………………少许
熟芝麻…………………… 50克
鸡蛋………………………2个
蒜末……………………… 25克
精盐、芥末酱……………各少许
白糖、豆瓣酱、酱油……各2大匙
芝麻酱、香油……………各1大匙
米醋………………………3大匙

制作步骤

1 制面条 净菠菜放入沸水锅中焯烫一下，捞出、过凉，放入搅拌器内，磕入鸡蛋，加入少许精盐搅打成菠菜鸡蛋泥，取出，放在容器内，加上面粉和匀成面团，擀成面片，切成细面条。

2 酱 汁 锅置火上，加入香油烧热，倒入豆瓣酱炒香，出锅，加上芝麻酱、酱油、米醋、白糖、精盐、芥末酱、熟芝麻和蒜末拌匀成酱汁。

3 上 桌 锅中加入清水烧沸，下入面条煮至熟，捞出、过凉，沥去水分，放入面碗中，加入白菜丝、胡萝卜丝，浇上酱汁即可。

韩式拌意面

原料 · 调料

意大利面300克，鲜墨斗鱼100克，黄瓜50克，白梨1个，熟芝麻15克。

葱末、蒜末各15克，精盐、白醋、香油各2小匙，味精1小匙，韩式辣酱2大匙，辣椒油4小匙。

制作步骤

1 初加工 鲜墨斗鱼洗涤整理干净，切成细丝；黄瓜、白梨分别洗净，均切成细丝。

2 酱　汁 取小碗，放入蒜末、葱末，加入韩式辣酱、精盐、香油、辣椒油、白醋、味精、熟芝麻搅拌均匀成酱汁。

3 拌　制 锅置火上，加入清水、少许精盐烧沸，放入意大利面煮至熟，再放入墨鱼丝稍煮，捞出、沥水，凉凉，加入酱汁调拌均匀，装入深盘中，撒上黄瓜丝、白梨丝即可。

重庆小面

原料 · 调料

面条……………………400克
五花肉……………………100克
净油菜、梅菜碎…………各50克
花生………………………30克
葱花、姜末、蒜末………各10克
精盐、白糖………………各1小匙
鸡精、胡椒粉、辣椒油…各少许
海鲜酱油…………………2小匙
料酒、花椒油、豆瓣酱、甜面酱、植物油………………各1大匙

制作步骤

1 初加工 五花肉切成丁；花生拍碎；蒜末、姜末放入碗中，加入少许清水泡成姜蒜水；净油菜放入沸水锅内焯烫一下，捞出、沥水。

2 酱 料 锅中加上植物油烧热，放入五花肉丁炒香，加入豆瓣酱、甜面酱、料酒、海鲜酱油、白糖、鸡精、精盐、梅菜碎炒匀成酱料。

3 调 制 面碗内放入姜蒜水、精盐、鸡精、胡椒粉拌匀成调料汁，加入煮熟、过凉的面条，放入花椒油、辣椒油和少许煮面条原汤，放上油菜，撒上葱花和花生碎，加入酱料即成。

台式卤肉饭

原料 · 调料

大米饭……………………400克
猪五花肉…………………200克
香菇…………………………15克
熟鸡蛋………………………1个
葱段、姜片、蒜瓣………各15克
桂皮…………………………1小块
八角、陈皮…………各3克
精盐、胡椒粉……………各少许
冰糖、料酒、酱油………各适量
植物油……………………2大匙

制作步骤

1 初加工 猪五花肉用清水洗净，切成长条；香菇洗净，再换清水浸泡至发涨，择洗干净，切成小粒（泡香菇的水过滤后留用）。

2 炝　锅 锅中加上植物油烧热，下入葱段、姜片、蒜瓣、桂皮、陈皮、八角炸出香味，放入料酒、酱油、香菇粒炒匀，放入猪肉条、精盐、冰糖、胡椒粉和泡香菇水，用旺火烧沸。

3 烧　焖 转中火烧焖15分钟，取出肉条、凉凉，切成小块，放入原锅中，加上熟鸡蛋，转小火炖约20分钟至熟，出锅浇在大米饭上即可。

四喜饭卷

原料 · 调料

大米饭400克，紫菜2张，虾仁50克，黄瓜、小西红柿、西餐火腿、蟹柳各适量。

精盐1小匙，白醋、白糖各1大匙，柠檬汁少许。

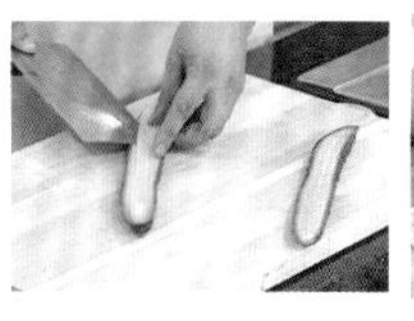

制作步骤

1 初加工 虾仁去掉虾线，放入清水锅内焯烫至熟，捞出、过凉；黄瓜用精盐揉搓均匀下，腌渍15分钟，再用清水洗净，沥水切成小条。

2 拌　匀 大米饭放入容器内，加入精盐、白醋、白糖、柠檬汁拌匀、凉凉；蟹柳切成条状；西餐火腿切成条；小西红柿洗净，切成四瓣。

3 卷　制 竹帘放在案板上，放上紫菜，抹上大米饭，摆上黄瓜条、小西红柿、熟虾仁、蟹柳和西餐火腿条，卷好成四喜饭卷，切成小块即可。

香菇卤肉饭

▸原料 · 调料

大米饭……………………500克
五花肉……………………250克
香菇、洋葱………………各50克
西兰花……………………少许
桂皮、八角………………各3克
葱段、姜片………………各10克
精盐、白糖………………各1小匙
老抽………………………2小匙
料酒、植物油……………各适量

▸制作步骤

1 初加工 五花肉切成丁，放入沸水锅内焯水，捞出；香菇去蒂，切成丁；洋葱洗净，切成丁。

2 烧 焖 锅内加入植物油烧热，放入白糖炒成糖色，下入五花肉丁、葱段、姜片、桂皮、八角、老抽、料酒、精盐和清水煮至沸，放入熟鸡蛋、香菇丁烧焖30分钟，捞出熟鸡蛋。

3 摆 盘 用旺火收浓汤汁，下入洋葱丁炒出香味成香菇卤肉；把大米饭扣在盘内，淋上香菇卤肉，摆上焯好的西兰花瓣即可。

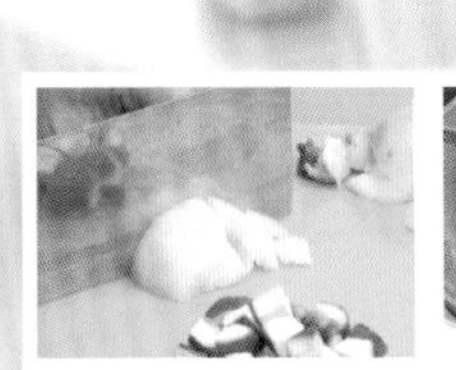

羊排手抓饭

原料 · 调料

大米饭400克，羊排200克，鲜香菇100克，洋葱50克，胡萝卜30克。

精盐2小匙，酱油1大匙，辣椒粉1/2小匙，白糖2大匙，孜然粉少许，植物油适量。

制作步骤

1 初加工 羊排洗净，剁成块，放入沸水锅内焯烫一下，捞出、沥水；鲜香菇去蒂，切成小块；洋葱切成细丝；胡萝卜去皮，洗净，切成小丁。

2 炒　制 锅中加上植物油烧至六成热，下入洋葱丝煸炒一下，放入香菇丁、胡萝卜丁，加入孜然粉及少许清水炒出香味，出锅。

3 煲　压 取电压力锅，放入羊排块，加入精盐、酱油、白糖、辣椒粉及适量清水煲约25分钟，放入大米饭和炒好的洋葱、香菇等，盖上锅盖，继续煲15分钟即成。

海鲜砂锅粥

▸原料 · 调料

大米1杯，螃蟹1只，虾仁100克，香菜25克，香葱15克，枸杞子10克，黄芪5克。

姜块10克，精盐2小匙，鸡精1/2小匙，胡椒粉1小匙。

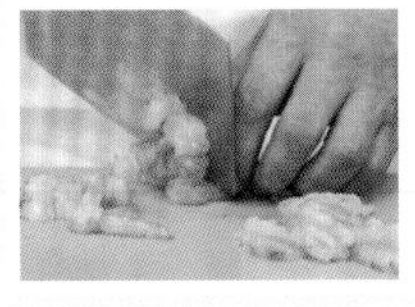

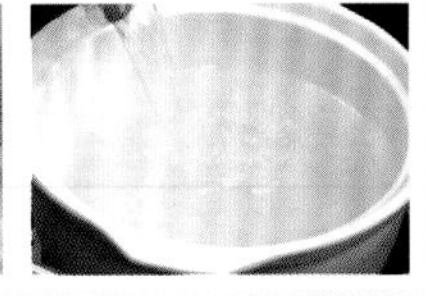

▸制作步骤

1 初加工 螃蟹刷洗干净，剁成大块；虾仁切成丁；香葱择洗干净，切成香葱花；香菜择洗干净，切成碎末；姜块去皮，切成细丝。

2 熬 煮 大米淘洗干净，放入砂锅中，加入适量的清水，盖上砂锅盖，置旺火上烧沸，改用小火熬煮至大米近熟。

3 调 味 砂锅中放入螃蟹块、黄芪、枸杞子，加盖煲约10分钟，放入姜丝、虾仁、鸡精、精盐，胡椒粉略煮，撒上香葱花、香菜末即可。

三色疙瘩汤

原料 · 调料

面粉300克，水发银耳、水发木耳各50克，菠菜汁、橙汁、西红柿汁各4大匙。

精盐2小匙，鸡精少许，胡椒粉1小匙，香油4小匙。

制作步骤

1 面　团 面粉分别加上菠菜汁、西红柿汁和橙汁搅匀成菠菜面团、西红柿面团和橙汁面团。

2 煮疙瘩 锅中烧水，分别把菠菜面团、西红柿面团和橙汁面团放在漏勺上，用手勺向下碾压入水锅，煮成三色疙瘩，捞出。

3 调　味 净锅置火上，加入清水、精盐、鸡精、胡椒粉调匀，放入水发银耳、水发木耳和三色疙瘩，淋上香油，出锅倒在汤碗内即可。

翡翠拨鱼

▸原料 · 调料

面粉、净菠菜200克，猪肉末150克，茄子、绿豆芽各75克，青红椒25克，鸡蛋1个。

姜末10克，精盐1小匙，胡椒粉少许，酱油2小匙，料酒1大匙，味精、植物油、花椒油各适量。

▸制作步骤

1面　糊 净菠菜焯烫一下，捞出，放入粉碎机中，加入鸡蛋、精盐、料酒打成泥，取出，拌入面粉成面糊；茄子、青红椒分别洗净，切成丁。

2面　卤 锅中加上植物油烧热，加入姜末炝锅，放入猪肉末炒至变色，加入茄子丁和少许清水炖5分钟，加入酱油、精盐、胡椒粉、味精和青红椒丁炒匀，出锅，淋入花椒油成面卤。

3出　锅 锅内加上清水煮至沸，加上少许精盐，用筷子拨入面糊成拨鱼，加入绿豆芽煮至熟，出锅，盛放在大盘内，淋上面卤即可。

蛋羹泡饭

原料·调料

大米饭……………………400克
虾仁………………………100克
鸡蛋………………………2个
净紫菜、豌豆、净青菜…各少许
香菜段……………………10克
葱末………………………15克
料酒………………………2小匙
香油………………………1小匙
精盐、淀粉、酱油………各少许

制作步骤

1 初加工 鸡蛋磕在碗内，加入清水、精盐、酱油和料酒搅匀成鸡蛋液；虾仁去掉虾线，加上少许鸡蛋液、淀粉和精盐拌匀；净紫菜切成丝。

2 鸡蛋羹 大米饭放入容器内，倒入鸡蛋液，放入蒸锅内，用旺火蒸8分钟成鸡蛋米饭羹，再把虾仁放入鸡蛋米饭羹内，撒上净青菜和豌豆。

3 上 桌 再用旺火蒸2分钟，取出，撒上葱末、香菜段和紫菜丝，直接上桌即可。

香河肉饼

原料 · 调料

牛肉末、面粉…………各300克
鸡蛋……………………………1个
葱花、姜末………………各25克
十三香、味精……………各少许
豆瓣酱、甜面酱…………各1小匙
酱油…………………………3大匙
香油…………………………4小匙
植物油………………………适量

制作步骤

1面　团 把面粉放入盆中，先用少许热水烫一下，再加入适量温水和匀成面团，饧发30分钟。

2馅　料 牛肉末放入容器中，磕入鸡蛋，加上酱油、甜面酱、豆瓣酱拌匀，再加入十三香、香油、味精、姜末和葱花搅打上劲成馅料。

3烙　制 将面团揉搓均匀，下成面剂子，按扁后包入馅料，擀成圆饼状成生坯，放入热油锅内烙至熟香，取出，装盘上桌即可。

焖炒蛋饼

原料·调料

面粉250克，胡萝卜100克，韭菜60克，黄豆芽50克，鸡蛋2个。

蒜末5克，精盐1小匙，味精、胡椒粉各1/2小匙，酱油2小匙，米醋、料酒、植物油各1大匙。

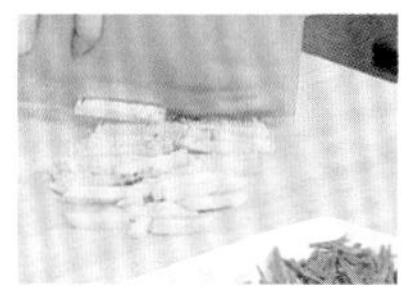

制作步骤

1 初加工 鸡蛋磕入小盆中，加入面粉、少许精盐和适量清水调成糊状，放入烧热的油锅内烙成鸡蛋饼，取出，切成小条；胡萝卜去皮，切成丝；韭菜洗净，切成小段；黄豆芽洗净。

2 炒 制 锅置火上，加入植物油烧热，放入胡萝卜丝、黄豆芽炒匀，放入蛋饼条、精盐、酱油、料酒、胡椒粉、少许清水炒匀。

3 出 锅 转小火焖1分钟，放入韭菜段、蒜末，淋入米醋，加入味精炒匀，出锅装盘即可。

韩国泡菜饼

原料·调料

面粉……300克
辣白菜……125克
洋葱……75克
韭菜……50克
鲜香菇……30克
精盐……1小匙
鸡精……1/2小匙
植物油……2大匙

制作步骤

1 初加工 韭菜去根和老叶，切成碎末；鲜香菇去蒂，切成小丁，放入沸水锅内焯烫一下，捞出，攥净水分；洋葱、辣白菜分别切成丁。

2 面　糊 面粉放在容器内，倒入清水调匀成比较稠的面糊，加入精盐、鸡精、香菇丁、韭菜末、洋葱丁和辣白菜丁，搅拌均匀成面糊。

3 煎　烙 平锅加入植物油烧热，倒入搅拌好的面糊煎至一面定型，翻面后继续煎至面饼两面上色，出锅，切成条块，码盘上桌即可。

牛肉茄子馅饼

原料 · 调料

面粉400克，茄子200克，牛肉末150克。

葱末、姜末各5克，胡椒粉少许，精盐、香油各1小匙，花椒水、料酒各1大匙，黄酱2大匙，植物油适量。

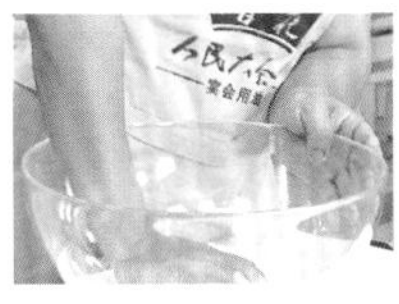

制作步骤

1 馅　料 茄子去蒂，刮去外皮，放入蒸锅中蒸至熟，取出，放入容器中，加入黄酱、葱末、姜末、精盐、香油、料酒、胡椒粉、花椒水拌匀，再加上牛肉末调拌均匀成茄泥牛肉馅料。

2 生　坯 面粉放入容器中，加入适量温水和成面团，饧15分钟，揪成面剂，擀成面皮，包上茄泥牛肉馅料，收口后按扁成馅饼生坯。

3 煎　烙 锅置火上，加入植物油烧热，放入馅饼生坯，用小火烙至熟嫩，装盘上桌即可。

三鲜饺子

▸原料 · 调料

面粉400克，韭菜段、猪肉末各150克，虾仁75克，虾皮25克。

姜末25克，精盐2小匙，十三香少许，鸡精1小匙，白糖1/2小匙，蚝油、香油各2小匙，海鲜酱油1大匙，植物油少许。

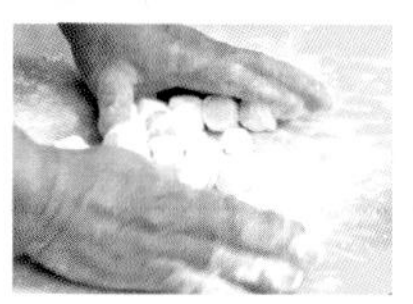

▸制作步骤

1馅 料 虾仁去掉虾线，切成丁，加上猪肉末、清水、姜末、精盐、十三香、鸡精、白糖、蚝油、海鲜酱油、植物油、香油拌匀，再放入虾皮、韭菜段搅拌均匀成三鲜馅料。

2包 制 面粉中加入精盐和清水和成面团，稍饧，搓成长条，下成每个重15克的小面剂，擀成面皮，包上三鲜馅料，捏成三鲜饺子生坯。

3煮 制 净锅置火上，加入清水、少许精盐烧沸，放入三鲜饺子生坯煮至熟，装盘上桌即成。

香酥咖喱饺

原料 · 调料

土豆……………………300克
春卷皮…………………250克
猪肉末…………………100克
甜玉米粒………………少许
葱末、姜末……………各10克
精盐、味精……………各1小匙
酱油……………………2小匙
咖喱粉、料酒…………各1大匙
植物油…………………适量

制作步骤

1 土豆泥 土豆去皮，放入蒸锅中蒸熟，取出、凉凉，碾成土豆泥；猪肉末加入料酒拌匀。

2 馅　料 锅中加入植物油烧至六成热，放入猪肉末、葱末、姜末略炒，加入咖喱粉、料酒、酱油、精盐、味精和适量清水烧沸，放入土豆泥、甜玉米粒收浓汤汁，出锅、凉凉成馅料。

3 炸　制 春卷皮放上少许馅料包好成生坯，放入油锅中炸至金黄、酥脆，出锅装盘即成。

鲅鱼饺子

▸原料 · 调料

面团400克，鲅鱼半条，猪肉末100克，鸡蛋1个。

葱末、姜末各10克，精盐2小匙，胡椒粉少许，料酒2大匙，味精少许，香油2小匙。

▸制作步骤

1鱼　蓉 韭菜去根和老叶，切成碎末；鲅鱼去掉鱼头、内脏，洗净杂质，去掉鱼骨，取净鲅鱼鱼肉，用刀背砸成鱼蓉。

2馅　料 鲅鱼蓉放在容器内，放入猪肉末、料酒、精盐、胡椒粉、葱末、姜末、香油、鸡蛋、味精和韭菜末，搅拌均匀至上劲成馅料。

3煮　制 把面团制成小面剂，擀成面皮，包入少许馅料成鲅鱼饺子生坯，放入清水锅内煮至熟，捞出，装盘上桌即成。

茴香肉蒸饺

原料 · 调料

面粉400克，茴香250克，猪肉末150克，鸡蛋1个。

葱末、姜末各10克，甜面酱2大匙，胡椒粉少许，酱油、料酒、香油各1大匙，植物油适量。

制作步骤

1馅　料 茴香洗净，切成碎末；猪肉末加入甜面酱、酱油、胡椒粉和香油调匀，再放入鸡蛋、葱末、姜末、料酒、茴香末拌匀成茴香肉馅料。

2生　坯 面粉放在容器内，边加入沸水边搅拌均匀成烫面面团，揉搓均匀后分成小面剂，擀成面皮，包上茴香肉馅料成蒸饺生坯。

3蒸　制 蒸锅置火上，加入清水烧沸，将蒸屉抹上植物油，码放上蒸饺生坯，放入蒸锅内，用旺火、沸水蒸8分钟至熟，取出上桌即可。

特色大包子

▶原料 · 调料

发酵面团……………………400克
五花肉丁……………………200克
香菇丁、冬笋丁…………各75克
四季豆碎、水发粉条段……50克
葱花…………………………25克
黄酱、酱油………………各1大匙
精盐、白糖………………各少许
料酒、香油………………各2大匙
水淀粉、植物油…………各适量

▶制作步骤

1 初加工 净锅置火上，加上植物油烧至六成热，放入葱花炒出香味，放入五花肉丁、香菇丁、冬笋丁、料酒和四季豆碎炒匀，出锅。

2 馅　料 锅中加上植物油烧热，加入黄酱、料酒和酱油炒匀，加入精盐、少许清水和白糖，倒入炒好的肉丁等，加上水发粉条段，用水淀粉勾芡，淋入香油，出锅、凉凉成馅料。

3 蒸　制 发酵面团做成每个30克重的面剂，擀成面皮，包上少许馅料成包子生坯，饧15分钟，再放入蒸锅内蒸10分钟至熟即可。

翡翠巧克力包

原料 · 调料

面粉……………………………400克
菠菜……………………………100克
橙子皮…………………………少许
发酵粉……………………………5克
巧克力块……………………100克
牛奶……………………………150克
黄油……………………………1大块

制作步骤

1 初加工 锅内加入黄油烧热，放入少许面粉、切碎的巧克力块和牛奶炒至黏稠，出锅、凉凉成馅心；橙子皮洗净，切成细丝；发酵粉放入碗中，加入温水调匀成发酵水。

2 饧 发 菠菜洗净，放入粉碎机中，加入少许清水搅打成泥，倒在容器内，加上面粉、橙皮丝和发酵水揉搓成面团，饧发30分钟。

3 蒸 制 将发好的面团揉匀，搓条、下剂，擀成薄皮，包入馅心成巧克力包生坯，饧发20分钟，放入蒸锅内蒸约15分钟，取出装盘即可。

糯米烧卖

原料·调料

馄饨皮……………………………10张
猪肉末…………………………250克
糯米………………………………75克
冬笋末、香菇末…………各25克
青豆………………………………15克
葱末、姜末………………各10克
八角、桂皮………………各少许
精盐、白糖、胡椒粉……各1小匙
料酒、酱油………………各1大匙
香油、植物油…………………适量

制作步骤

1 初加工 锅中加上植物油烧热，加入葱末、姜末、八角、桂皮炒香，放入香菇末、冬笋末和猪肉末煸炒至变色，加上料酒、胡椒粉、酱油、白糖、精盐和少许清水煮出香味，离火。

2 馅　料 净锅置火上烧热，放入糯米煸炒5分钟，出锅，加上炒好的肉末等拌匀，上屉蒸10分钟，出锅、凉凉，加入香油拌匀成馅料。

3 蒸　制 馅料用馄饨皮包好成烧卖生坯，中间摆上青豆，放入蒸锅内蒸至熟，出锅上桌即可。

韭菜盒子

▶原料 · 调料

面粉400克，韭菜碎250克，猪肉末75克，虾皮25克，鸡蛋2个。

鸡精、白糖各少许，花椒粉、胡椒粉各1/2小匙，料酒1大匙，香油2小匙，海鲜酱油4小匙，熟猪油、植物油各适量。

▶制作步骤

1 馅　料 鸡蛋放入烧热的油锅内炒成鸡蛋碎，出锅、凉凉；猪肉末加入花椒粉、鸡精、白糖、胡椒粉、料酒、香油、海鲜酱油拌匀，再加入虾皮、鸡蛋碎和韭菜碎搅匀成馅料。

2 生　坯 面粉加入熟猪油、热水和成烫面面团，饧30分钟，搓成长条状，切成面剂，擀成面皮，放上馅料，合上封口，捏出花边成生坯。

3 煎　烙 锅内加入植物油烧热，放入盒子生坯，用中火煎烙至金黄、熟香，出锅装盘即可。

辣炒年糕

▸原料 · 调料

年糕条……………………300克
洋葱………………………75克
青椒、红椒………………各50克
葱段………………………15克
韩式辣酱…………………4小匙
番茄酱……………………1大匙
白糖………………………2小匙
精盐………………………1小匙
香油、植物油……………各适量

▸制作步骤

1 初加工 青椒、红椒去蒂、去籽，洗净，切成条；洋葱剥去外层老皮，洗净，切成小块；年糕条放入清水锅内焯煮一下，捞出年糕条，沥净水分。

2 炝 锅 净锅置火上，加入植物油烧至六成热，下入葱段、洋葱块煸炒出香味。

3 炒 制 放入青椒条、红椒条稍炒，加入韩式辣酱、番茄酱、年糕调和少许清水炒匀，加入白糖和精盐，淋上香油，出锅装盘即可。

奶油发糕

▶原料·调料

面粉……………………400克
鸡蛋……………………6个
果料……………………100克
白糖……………………200克
牛奶……………………4大匙
黄油……………………3大匙
酵母粉…………………2小匙
苏打粉…………………少许

▶制作步骤

1 初加工 酵母粉放在小碗内，加入少许温水和苏打粉搅匀成酵母水；果料切成小丁。

2 面 糊 鸡蛋磕入容器内，加上黄油、白糖搅匀，加上酵母水、面粉和牛奶调成浓稠的糊状，静置20分钟成发酵面糊。

3 蒸 制 取一半果料丁，撒在容器底部，倒入发酵面糊，另一半果料丁撒在上面成发糕生坯，放入蒸锅内，用旺火蒸10分钟至熟即成。

栗蓉艾窝窝

▸原料 · 调料

糯米饭……………………300克
栗子………………………125克
山楂糕条、黑芝麻………各少许
白糖………………………75克
椰蓉………………………适量
牛奶………………………120克
植物油……………………2大匙

▸制作步骤

1 栗子蓉 糯米饭放入塑料袋中，加入少许清水揉匀、揉碎；栗子去壳、去皮膜，洗净，放入清水锅中煮至熟，捞出、沥水，放入粉碎机中，加入牛奶一起搅打成栗子蓉。

2 馅　料 锅置火上，加入植物油烧热，倒入栗子蓉搅炒均匀，再加入白糖炒至黏稠状，倒入盘中、凉凉成栗蓉馅料。

3 摆　盘 将揉好的糯米饭分成小块，按扁成皮，包入栗蓉馅料，团成球状，放入椰蓉中滚粘均匀，摆入盘中，放上山楂糕条和黑芝麻即可。

奶香松饼

原料 · 调料

面粉、玉米粉…………各150克
鸡 蛋 ……………………………1个
绿茶叶…………………………少许
苏打粉…………………1/2小匙
牛奶 ……………………………100克
蜂蜜、植物油……………各1大匙

制作步骤

1粉 糊 玉米粉放入大碗中，加入温水调匀成稀糊，饧10分钟；面粉放入小盆中，磕入鸡蛋，加入牛奶、苏打粉、植物油调匀，稍饧，再加上玉米粉糊调拌均匀成奶香粉糊。

2煎 烙 平底锅置火上烧热，舀入奶香粉糊，撒上少许泡好的绿茶叶，用小火煎至两面呈黄色时，取出，装入盘中一侧。

3摆 盘 锅内再舀入奶香粉糊煎至黄色，取出，装入盘中另一侧，浇上蜂蜜即可。

沙琪玛

原料·调料

面粉……………………………300克
果脯………………………………75克
鸡蛋…………………………………3个
芝麻……………………………… 50克
枸杞子、苏打粉………… 各少许
白糖……………………………4大匙
蜂蜜……………………………3大匙
绿茶水、植物油…………各适量

制作步骤

1炸　制 面粉放入容器内，加入绿茶水、鸡蛋、苏打粉和成面团，盖上湿布饧20分钟，放在案板上，先擀成大片，再切成细面条，放入热油锅内炸至金黄色，捞出、沥油。

2炒糖汁 锅中留少许底油烧热，加入白糖和少许清水稍炒，倒入蜂蜜炒至浓稠，放入炸好的面条翻炒炒匀，加入果脯调匀。

3成　型 大碗底部刷上植物油，撒上芝麻和枸杞子，倒入炒匀的面条，用重物压实即成。

鲜虾吐司卷

原料 · 调料

吐司片250克，鲜虾150克，黑芝麻50克，鸡蛋1个。

精盐、鸡精各1小匙，淀粉、炼乳各1大匙，番茄酱2大匙，植物油适量。

制作步骤

1 虾蓉 鸡蛋磕入碗中，加入淀粉搅匀成鸡蛋液；去掉吐司片四边；鲜虾去虾头、虾壳，剁成虾泥，加入精盐、鸡精、少许鸡蛋液拌匀成虾蓉。

2 生坯 把虾蓉涂抹在吐司片上，再把吐司片卷成卷，在吐司卷的两端蘸上鸡蛋液，再蘸上黑芝麻成鲜虾吐司卷生坯。

3 炸制 锅内加入植物油烧至五成热，放入鲜虾吐司卷生坯炸至金黄色，捞出、装盘，带炼乳、番茄酱一起上桌蘸食即可。

Part 05
简易西餐

法式奶油菜花汤

▸原料·调料

西蓝花150克，培根、金针菇各100克，洋葱、香菇各50克。

黄油、淡奶油各30克，鲜奶适量，精盐1小匙，鸡精少许。

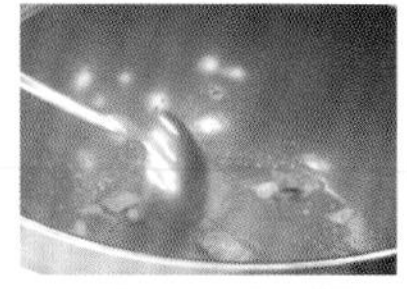

▸制作步骤

1 初加工 西蓝花去除根茎，洗净，切成小朵；香菇去蒂，切成细丝；金针菇去根，洗净；洋葱剥去外层老皮，切成小块；培根切成小片。

2 炒 制 净锅置火上，下入黄油、培根片、洋葱块、香菇丝和金针菇，用旺火翻炒一下。

3 煮 制 加入清水、淡奶油、鲜奶、精盐、鸡精调匀，放入西蓝花拌匀，用中小火熬煮几分钟至入味，出锅装碗即可。

蟹肉青苹果冻汤

原料·调料

鳕蟹腿……………………50克
青苹果……………………1个
鱼胶……………………100克
柠檬汁……………………4小匙
精盐、胡椒碎……………各1小匙
橄榄油……………………适量

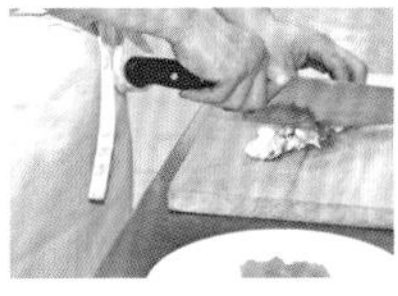

制作步骤

1果 汁 青苹果去掉果核，切成小块，放入榨汁机中榨成青苹果汁，再加入柠檬汁调匀。

2果 冻 把青苹果汁过滤，加上鱼胶搅拌至溶化，放入冰箱内冷藏2小时至凝固成果冻，取出、碾碎，装入汤碗中。

3拌 制 鳕蟹腿刷洗干净，放入蒸锅内蒸至熟，取出雪蟹腿，切开后取出鳕蟹肉，撕成丝，加上橄榄油、胡椒碎和精盐搅拌均匀，放在盛有果冻的汤碗内即成。

西蓝花忌廉汤

▶原料 · 调料

西蓝花300克，鼠尾草少许。

白兰地酒2小匙，忌廉2大匙，精盐、现磨胡椒粉各少许，鸡清汤250克，忌廉汤底适量。

▶制作步骤

1 初加工 将西蓝花择洗干净，掰成小朵，放入锅中，加上鸡清汤煮至软嫩，捞出、沥水，放入搅拌机内打成碎末，过滤后留原汤汁。

2 煮　制 把忌廉汤底放入锅内煮至沸，倒入滤好的汤汁，再加入白兰地酒略煮。

3 调　味 加入忌廉稍煮2分钟，加入精盐、现磨胡椒粉调好汤汁口味，出锅盛入汤碗内，撒上鼠尾草即可。

意式蔬菜浓汤

原料 · 调料

洋葱、胡萝卜……………各75克
西芹、香菇………………各50克
土豆、西红柿……………各25克
甘蓝、青椒………………各15克
意粉…………………………适量
番茄酱……………………4大匙
精盐、白糖………………各1小匙
香叶、鸡精………………各少许
橄榄油……………………1大匙

制作步骤

1 初加工 洋葱、胡萝卜、西芹、香菇、土豆、西红柿、甘蓝、青椒分别洗涤整理干净，切成大小均匀的丁；意粉用沸水煮至熟，捞出、沥水。

2 炒 制 锅中加上橄榄油烧热，放入洋葱丁、香叶炒香，倒入番茄酱略炒，放入胡萝卜丁、西芹丁、香菇丁、青椒丁和甘蓝丁炒匀。

3 煮 制 倒入清水烧沸，放入土豆丁、西红柿丁煮至浓稠入味，加入精盐、白糖、鸡精调好口味，出锅盛入汤碗中，放入意粉即可。

法式鲜虾咯嗲

原料 · 调料

鲜活基围虾……………100克
针叶生菜……………………5克
柠檬、小番茄………………各1个
青椒碎、红椒碎…………各少许
黑水榄圈……………………1个
白兰地酒…………………2大匙
精盐、胡椒粉…………各1/2小匙
红酒醋、柠檬汁…………各1小匙
橄榄油……………………2小匙

制作步骤

1 沙律汁 碗内加入精盐、红酒醋、青椒碎、红椒碎、橄榄油、胡椒粉、柠檬汁搅拌均匀，制成沙律汁。

2 煮　制 小番茄去蒂，切成片；柠檬洗净，切成角；鲜活基围虾挑除虾线，放入加有精盐、胡椒粉、白兰地酒的沸水锅内煮至熟，捞出、凉凉，摆入盘中。

3 摆　盘 将柠檬角摆入盘中，用黑水榄圈、小番茄片、针叶生菜装饰，淋入沙律汁即可。

挪威烟熏三文鱼

▸原料·调料

烟熏三文鱼200克，小洋葱50克，苦苣40克，柠檬25克，紫叶生菜20克，黑水榄、酿青榄各2粒，意大利芹1片。

红鱼子酱2小匙。

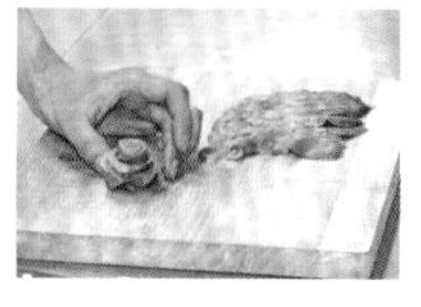

▸制作步骤

1 切　制 将烟熏三文鱼放在案板上，用刀片成片；黑水榄、酿青榄分别切成片。

2 初加工 柠檬洗净，先对半切开，再切成小角；紫叶生菜、苦苣分别择洗干净，沥干水分；将烟熏三文鱼片放在案板上，用手拧成花瓣形状，卷成花形。

3 摆　盘 将紫叶生菜、苦苣、红鱼子酱、小洋葱、黑水榄、酿青榄、柠檬角、意大利芹摆入盘中造型，再放入三文鱼卷即可。

芦笋拌鲜贝

▶原料 · 调料

芦笋……………………100克
鲜贝……………………50克
蟹子……………………2克
水发木耳………………10克
黑水榄…………………1粒
精盐、黑胡椒…………各少许
柠檬汁…………………2小匙
橄榄油…………………4小匙

▶制作步骤

1清 洗 芦笋去根，放入沸水中烫至熟，捞出、过凉，沥水，切成段；鲜贝择洗干净，加入精盐、黑胡椒、柠檬汁拌匀，腌渍入味；黑水榄切成小圈；水发木耳洗净，撕成小朵。

2拌 制 把芦笋段加上精盐、橄榄油、柠檬汁调拌均匀，与黑水榄圈一起摆入盘中。

3下 锅 坐锅点火，加上橄榄油烧热，放入腌好的鲜贝煎至熟透，盛出，摆入芦笋盘内，放入蟹子和水发木耳，再撒上少许黑胡椒即可。

法式鹅肝批

▸原料 · 调料

鹅肝500克，猪肥膘片100克，鲜虾1只，面包片2片，蟹子、洋葱各10克，球茎茴香、紫叶生菜、黑水榄圈各5克。

精盐、白兰地酒各1小匙，红葡萄酒2小匙，鸡精、胡椒粉各少许。

▸制作步骤

1 初加工 鹅肝放入粉碎机内，加入精盐、白兰地酒、红葡萄酒、鸡精、洋葱、胡椒粉打碎成浆，再用细筛过滤成鹅肝浆；鲜虾洗净，用沸水焯至熟，捞出，去掉虾头、虾壳，留虾尾。

2 烤 制 取长方体模具，用猪肥膘片铺底，倒入鹅肝浆，放入盛有温水的烤盘内，入炉用140℃烤1小时至熟，取出、冷却成鹅肝批。

3 摆 盘 把鹅肝批切成片，压成圆形；面包片也压成大小的圆，均摆放在盘中，放上鲜虾、紫叶生菜、黑水榄圈、蟹子、球茎茴香即可。

蟹肉芒果沙拉

▸原料·调料

芒果100克，雪蟹腿50克，紫洋葱、苦苣各20克，苏打饼干5克。

蛋黄酱4小匙，橄榄油1小匙，柠檬汁、鲜橙汁各1/2小匙，蜂蜜、精盐各少许。

▸制作步骤

1 沙律汁 小碗中放入橄榄油、鲜橙汁、蛋黄酱、柠檬汁、精盐、蜂蜜搅拌均匀，制成沙律汁；苏打饼干压成碎粒。

2 初加工 芒果洗净，切开，片去外皮，取芒果肉，切成小丁；紫洋葱洗净，切成丝；雪蟹腿洗净，剥出雪蟹肉，撕成丝。

3 摆　盘 将所有原料放入容器中，加入沙律汁拌匀，装入盘中，撒上苏打饼干碎即可。

椰菜卷

原料·调料

椰菜叶……………………175克
牛肉末……………………150克
洋葱碎……………………50克
西芹碎、胡萝卜碎………各20克
油醋汁、精盐、鸡精……各少许
黑胡椒碎…………………10克
鱼子酱……………………3克
植物油……………………3大匙

制作步骤

1馅　料 将牛肉末放在大碗内，加上西芹碎、胡萝卜碎、洋葱碎、精盐、鸡精、黑胡椒碎、植物油搅拌均匀成馅料。

2生　坯 椰菜叶洗净，下入沸水锅内焯烫一下，捞出、过凉，擦净水分，涂抹上馅料，卷成菜卷成椰菜卷生坯。

3烤　制 椰菜卷生坯放入烤盘中，淋上少许植物油，放入烤箱内烤至熟，取出、装盘，配以鱼子酱，淋上油醋汁即可。

BBQ牛仔骨

原料·调料

带骨牛仔骨300克，时令蔬菜少许。

蒜碎15克，精盐1/2小匙，白糖、红酒各2小匙，白胡椒粉少许，黑胡椒碎1小匙，植物油2大匙，橙汁、番茄沙司各3大匙。

制作步骤

1腌 渍 将带骨牛仔骨擦净表面水分，加上红酒、精盐、白胡椒粉、黑胡椒碎和植物油拌匀，腌渍至入味。

2味 汁 净锅置火上，加上少许植物油烧热，放入蒜碎、黑胡椒碎炒香，加入番茄沙司、橙汁、精盐、白糖煮成BBQ汁。

3煎 扒 将扒台加热至180℃以上，放入牛仔骨煎至所需熟度，取出，码放在盘内，用时令蔬菜摆出盘头，淋上BBQ汁即可。

香煎神户牛肉

▸原料 · 调料

神户牛肉…………………200克
熟南瓜角……………………75克
精盐………………………1/2小匙
白胡椒粉……………………少许
红酒…………………………1大匙
黑胡椒碎……………………1小匙
黑椒汁………………………4小匙
植物油………………………适量

▸制作步骤

1腌 渍 把神户牛肉洗净，擦净水分，加入精盐、白胡椒粉、黑胡椒碎、植物油、红酒拌匀，腌渍入味。

2扒 煎 扒台加热至180℃以上，放入腌好的神户牛肉煎至所需成熟度（一般五到八成熟）。

3摆 盘 熟南瓜角放在扒台煎至上色，同时撒上黑胡椒碎及少许精盐调味，再一切为二，装入盘中，摆上煎好的神户牛肉，淋入黑椒汁即可。

扒安格斯眼肉

▸原料 · 调料

安格斯眼肉………………180克
薯格、豆苗………………各50克
洋葱碎……………………20克
绿胡椒……………………10克
布朗少司…………………100克
淡奶油……………………2小匙
精盐、白胡椒粉…………各1小匙
黑胡椒碎…………………10克
红葡萄酒、植物油……各4小匙

▸制作步骤

1味　汁 净锅置火上，加入植物油烧热，放入洋葱碎炒香，加上绿胡椒略炒，烹入红葡萄酒，加入布朗少司、精盐、淡奶油调匀，制成绿胡椒汁，倒入汁船中。

2腌　渍 将安格斯眼肉加上红葡萄酒、精盐、白胡椒粉、黑胡椒碎和植物油腌渍5分钟。

3煎　扒 平底锅置火上烧热，放入安格斯眼肉煎至熟嫩，取出、装盘，配上豆苗及薯格摆盘，淋上绿胡椒汁即可。

烤原条牛柳

原料 · 调料

牛柳1条，洋葱碎、西芹碎、胡萝卜碎各50克。

精盐1小匙，黑胡椒碎5克，红葡萄酒、植物油各少许。

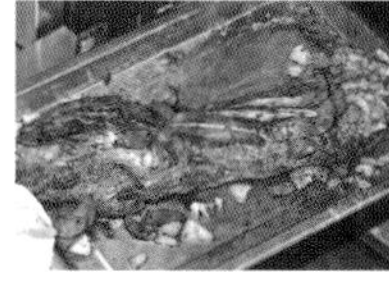

制作步骤

1腌　渍 将牛柳去筋，修整成型，加入西芹碎、洋葱碎、胡萝卜碎、红葡萄酒、精盐、黑胡椒碎拌匀，腌渍24小时。

2烤　制 扒台加热至180℃以上，放入腌好的牛柳煎至上色，放入烤盘中，淋上植物油，再放入烤箱中烤制。

3摆　盘 待牛柳烤至熟嫩后取出，放在案板上，改刀切成大片，装盘上桌即可。

烤迷迭香羊排

原料 · 调料

羊排……………………180克
迷迭香…………………10克
洋葱碎……………………5克
薯泥……………………15克
精盐……………………1小匙
白胡椒粉………………1/2小匙
黑胡椒碎…………………3克
布朗少司………………100克
红葡萄酒、植物油………各少许

制作步骤

1 腌 渍 将羊排放入盘中，加入迷迭香、白胡椒粉、黑胡椒碎、红葡萄酒拌匀，腌渍入味。

2 味 汁 锅中加上植物油烧热，下入洋葱碎炒香，加入迷迭香略炒，烹入红葡萄酒，倒入布朗少司、精盐、白胡椒粉煮沸，制成迷迭香汁。

3 煎 扒 把扒台烧热，放上腌好的羊排，煎至所需熟度，盛出、装盘，摆上薯泥，淋上迷迭香汁即可。

芝士焗龙虾仔

原料 · 调料

龙虾仔1只，薯泥100克，法香碎5克，香草少许。

蒜碎、巴拿马芝士碎各20克，白兰地酒2小匙，黄油100克，食用金箔、精盐、胡椒粉各少许。

制作步骤

1 腌　渍　黄油与蒜碎、法香碎一同混合搅拌均匀成黄油酱汁；龙虾仔洗净，从背部剖开，加入精盐、胡椒粉、白兰地酒腌渍几分钟。

2 初加工　在切开的龙虾表面涂抹上拌好的黄油酱汁，再撒上巴拿马芝士碎。

3 烘　烤　烤炉预热至220℃，放入龙虾仔烤10分钟左右至熟香且外表金黄，取出，码放在盘内，配以薯泥、香草、食用金箔即可。

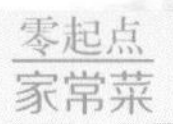

普罗旺斯番茄面

▸原料 · 调料

面条250克，番茄150克，蒜瓣50克，普罗旺斯混合香草少许。

意大利干酪粉5克，淡奶油25克，精盐1小匙，番茄沙司1大匙，橄榄油2大匙。

▸制作步骤

1 初加工 番茄去蒂，用热水略烫，撕去外皮，去除果瓤，切成小丁；蒜瓣剥去外皮，切成蒜片；把面条放入沸水锅内煮至熟，捞出。

2 味　汁 净锅置火上，加入橄榄油烧热，下入蒜片，用小火炒几分钟至蒜片变软呈黄色，加入精盐、番茄沙司和淡奶油搅拌均匀，放入普罗旺斯混合香草成大蒜奶油汁，出锅。

3 装　盘 把面条放在大盘内，浇上制好的大蒜奶油汁，撒上意大利干酪粉、番茄丁即可。

意式香草酱面条

原料 · 调料

意面……………………250克
松子仁…………………50克
鲜罗勒叶………………30克
番荽叶…………………25克
蒜瓣……………………10克
巴马芝士………………100克
精盐……………………2小匙
橄榄油…………………2大匙

制作步骤

1 香草酱 将鲜罗勒叶、番荽叶、蒜瓣、巴马芝士、精盐和橄榄油一起放入搅拌机内，加入松子仁打碎成糊状，取出成香草酱。

2 煮 面 净锅置火上，加入适量清水烧沸，下入意面，用旺火烧沸，改用小火煮至熟，捞出。

3 拌 制 将打好的香草酱倒入面碗内，加上煮熟的意面拌制，待酱料均匀地粘在面条上，装盘上桌即可。

牛腩盖饭

▸原料 · 调料

大米饭400克，牛腩肉200克，香菇、洋葱各30克，胡萝卜、芹菜段各15克，鸡蛋2个。

白汤底1杯，酱油4大匙，冰糖适量，精盐、红酒各少许，植物油1大匙。

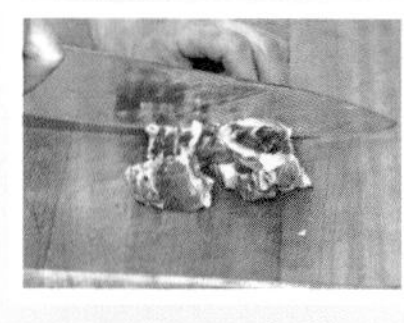

▸制作步骤

1 初加工 将牛腩肉洗净，切成块，加上少许酱油、白汤底拌匀；香菇、洋葱、胡萝卜分别洗净，切成小块；鸡蛋磕入碗中打散成鸡蛋液。

2 饭　卤 锅中加上植物油烧热，下入牛腩块、香菇块、洋葱块、胡萝卜块炒香，加入酱油、精盐、红酒、冰糖和白汤底，转小火煮至肉烂，淋上鸡蛋液，加上芹菜段炒匀成牛腩饭卤。

3 上　桌 将大米饭盛入大盘中，淋上做好牛腩饭卤，直接上桌即成。

西班牙海鲜饭

原料·调料

大米……………………250克
净青口、净中虾……………各3只
蚕豆（去皮）……………180克
洋葱片、红甜椒粒……各100克
鸡肉丁………………………50克
鱿鱼卷、番荽粒…………各30克
红葡萄酒…………………120克
鱼汤………………………1200克
蒜碎、藏红花、番茄酱…各少许
红椒粉、橄榄油…………各适量

制作步骤

1炒 制 净锅置火上，加入少许橄榄油烧热，下入净中虾、鱿鱼卷煸炒1分钟，出锅。

2煮 制 净锅复置火上，加上橄榄油烧热，加上洋葱片、红甜椒粒、蒜碎、番茄酱炒香，加入鱼汤、净青口、净中虾、鱿鱼卷、鸡肉丁、红葡萄酒、藏红花、红椒粉，用中火煮至沸。

3装 盘 加入淘洗好的大米，用小火煮至大米熟香，加入蚕豆搅拌均匀，撒上番荽粒，装盘上桌即可。

图书在版编目（CIP）数据

零起点家常菜 / 李光健编著. — 长春 : 吉林科学技术出版社, 2017.10
ISBN 978-7-5578-3378-7

Ⅰ. ①零… Ⅱ. ①李… Ⅲ. ①家常菜肴—菜谱 Ⅳ. ①TS972.127

中国版本图书馆CIP数据核字(2017)第244937号

零起点家常菜

Lingqidian Jiachangcai

编　　著　李光健
出 版 人　李　梁
责任编辑　张恩来
封面设计　长春创意广告图文制作有限责任公司
制　　版　长春创意广告图文制作有限责任公司
开　　本　710 mm×1000 mm　1/16
字　　数　150千字
印　　张　12
印　　数　1-6 000册
版　　次　2017年10月第1版
印　　次　2017年10月第1次印刷
出　　版　吉林科学技术出版社
发　　行　吉林科学技术出版社
地　　址　长春市人民大街4646号
邮　　编　130021
发行部电话/传真　0431-85677817　85635177　85651759
85651628　85600611　85670016
储运部电话　0431-86059116
编辑部电话　0431-85610611
网　　址　www.jlstp.net
印　　刷　吉广控股有限公司
书　　号　ISBN 978-7-5578-3378-7
定　　价　29.90元
如有印装质量问题可寄出版社调换